Weitere Veröffentlichungen vom Autor

2017 „Mitarbeitergespräche und deren Wirkung und Einflussnahme auf die Motivation von Arbeitnehmern" - Wissenschaftlicher Verlag Berlin ISBN 978-3-96138-035-0

2016 „Die Wirkung des kooperativen Führungsstils auf die Motivation der Produktionsmitarbeiter" - Wissenschaftlicher Verlag Berlin ISBN 978-3-86573-934-6

Kontakt

Thomas Serrano

E-Mail: serrano@freenet.de

Hinweis: Die Inhalte dieser Ausarbeitung sprechen Frauen und Männer gleichermaßen an. Zur besseren Lesbarkeit wird nur die männliche Sprachform (z.B. Mitarbeiter) verwendet.

Persönliches Führungskonzept

Leitfaden zur motivierenden Mitarbeiterführung

von Thomas Serrano, 23.10.2013

Führungskonzept

Thomas Serrano

Inhaltsverzeichnis

Führungskonzept

Thomas Serrano

Abbildungsverzeichnis

Abkürzungsverzeichnis

Abb.	Abbildung
AVOR	Arbeitsvorbereitung
BSC	Balanced Scorecard
GL	Geschäftsleitung
GMP	Good Manufacturing Practice
KEF	Kritische Erfolgsfaktoren
KPI	Key Performance Indicator
MA	Mitarbeiter
MAG	Mitarbeitergespräch
Pers.	Persönlich
PPS	Produktionsplanung- und Steuerung
ZDF	Zahlen, Daten Fakten

Führungskonzept

Thomas Serrano

1. Einleitung

Führung ist ein Phänomen, welches in sämtlichen Kulturkreisen und unabhängig von zeitlicher Entwicklung besteht. Sobald sich mehrere Menschen mit einer Problemstellung auseinander setzen, entsteht ein Koordinationsbedarf.[1]

In unserer Arbeitswelt besteht das Führen von Mitarbeitern längst nicht mehr, nur noch aus dem Erteilen von Anleitungen um damit Ziele zu erreichen. Menschen werden durch menschliche Beweggründe geführt. Eine konstruktive Zusammenarbeit benötigt Führung. Denn Führung ist Motivation und bedeutet die Beweggründe der Auszuführenden zu verstehen.[2]

Innerhalb unserer heutigen beruflichen Zusammenarbeit bildet Führung somit einen maßgeblichen Faktor. Sie ist mitverantwortlich und ausschlaggebend für den Erfolg oder Misserfolg jeglicher Aufgabenstellungen. Der persönliche Führungsstil ist einer der wichtigsten Arbeitstools für Führungskräfte. Diese müssen sich Ihrem Einfluss und Ihrer Wirkung im betrieblichen Umfeld bewusst sein.

„Die Wahrnehmung von Führungsaufgaben erfolgt im Rahmen des Beziehungsgefüges zu Mitarbeiter oder Führungskraft zum gesamten unterstellten Team".[3] Jeder Entscheidungsträger im Unternehmen steht somit vor der Frage:

Wie schaffe ich ein Arbeitsklima, welches ankommt und die Mitarbeiter (MA) mitreißt?

Für eine erfolgreiche Miterbeiterführung braucht es Vertrauen, einen offenen und ehrlichen Umgang, gegenseitigen Respekt, Wertschätzung, Richtlinien und Regeln, Zielsetzungen und die Bereitschaft zur Motivation aller Beteiligten.

Es gibt wohl kaum ein weiteres Thema, welches eine so große Aufmerksamkeit besitzt. Es wurden unzählige Forschungsarbeiten, Abhandlungen und Bücher veröffentlicht. Der Markt an Coaching-Programmen, Teambildung- und Entwicklung, Führungsseminaren und Lehrgängen boomt seit Jahren ungebrochen.

Mit dieser Abhandlung möchte der Autor Ihnen einen kompakten Leitfaden zur Entwicklung Ihres persönlichen Führungsstils anbieten. Das Werk richtet sich an Führungskräfte, solche die es werden möchten oder an interessierte Mitmenschen. Denn eine gute und motivierende Führung und ein menschlicher Umgang mit- und untereinander, wird von jedem Menschen erwartet und gewünscht.

... und es besteht noch so viel Verbesserungspotenzial. Ich wünsche Ihnen somit viel Freude beim Lesen meiner Ausführungen.

---

[1] Vgl. Joachim Hentze u. a., *Personalführungslehre: Grundlagen, Funktionen und Modelle der Führung*, 4. Aufl. (Bern: Haupt, 2005), S.1.

[2] Vgl. Artur Wollert, „Konzeptionelle Anforderungen an das Personalmanagement der 90er Jahre - Grundzüge einer mitarbeiterorientierten Unternehmenskultur", in *Mitarbeiterorientierte Unternehmenskultur*, hg. von Rainer Marr, Bd. 6 (Berlin: Erich Schmidt, 1989), S.39-40.

[3] Gertrud Neges und Richard Neges, *Führungskraft und Mitarbeiter: Wahrnehmung der Führungsaufgaben ; effektiv kommunizieren und informieren ; Mitarbeitergespräche führen* (Wien: Linde, 2007), S.9.

2. Profilbeschreibung Thomas Serrano

Seit über acht Jahren arbeite der Autor als Produktionsleiter und beschäftige sich beruflich schwerpunktmäßig mit Leadership- und Managementaufgaben. In der Aufgabenstellung als Produktionsleiter ist er für die Planung, Steuerung und der Herstellung von Kundenaufträgen verantwortlich. Hierzu gehört die Budget- und Kostenstellenverantwortung für das Personal, Material und die Anlagen. Die Bewältigung von komplexen Produktionsmixen, die Einhaltung der Liefertermine unter der Erfüllung von hohen Qualitätsanforderungen gehören zu seinem täglichen Handeln. Ebenso ist die Mitarbeit und Führung von Projektteams ein Bestandteil seines Tagesgeschäfts.

Sein besonderes Augenmerk liegt in der Umsetzung einer transparenten, kooperativen und wertschätzenden Mitarbeiterführung. Die Zusammenarbeit mit Menschen aus den verschiedensten Kulturkreisen breitet ihm große Freude und spiegelt seine weltoffene Haltung. Durch direktes Führen und Coaching transportiert er die Unternehmensziele auf die ihm unterstellten MA. Mit seiner hohen Sozialkompetenz fördert und entwickelt er eine Unternehmenskultur, in der sich alle MA gegenseitig respektierten, unterstützen und weiterentwickeln. In seiner Wahrnehmung bietet das die Grundlage zur zielorientierten und motivierenden Mitarbeiterführung.

Der Autor verfüge über folgende Skills und setzt diese innerhalb seines Wirkungskreises um:

- Drucktechnologische und mechanische Ausbildung
- Universitäre Weiterbildung mit Abschluss MSc und MBA
- Fundierte Berufskenntnisse im Grafischen Gewerbe
- Herstellung von Verpackungen im Food und Non-Foodbereich
- Abfüllung und Verpackung von pharmazeutischen Fertigprodukten
- GMP Erfahrung mit hohem Qualitäts- und Hygieneverständnis
- Qualitätsmanagementsysteme: ISO 9001, 15378 und PS 9000
- Mitglied des Führungskaders, Site-Management Team, erweiterte Geschäftsleitung
- Zielorientierte, kooperative und abteilungsübergreifende Zusammenarbeit
- Koordination von internen und externen Stakeholder
- Prozess- und Qualitätsoptimierung mittels Lean-Management
- Verknüpfung von Supply-Chain-Management und Produktionsprozessen
- Verzahnung von Technik, Produktion und Betriebswirtschaft
- Gute analytische Fähigkeiten und zielgerichtete Umsetzung
- Verknüpftes und lösungsorientiertes Denken und Handeln
- AVOR-Erfahrungen in komplexen und mehrstufigen Herstellungsverfahren (inkl. PPS)
- Ausgeprägte Sozial- und Führungskompetenzen
- Teamplayer mit kooperativem Führungsstil
- Disziplinarische Personalführungsverantwortung mit einer Leitungsspanne > 100 MA
- Ausbildung, Coaching und Schulung von Mitarbeitern
- Berufsbildner, Ausbildungsverantwortlicher

3. Persönliches Führungs-Doktrin (Leitsatz)

Wer das Ziel kennt und sich mit diesem identifiziert, kann sein tägliches Handeln darauf ausrichten. Somit wird es für ihn ein leichtes, die Aufgabenstellungen und die an ihn gestellten Erwartungen zu erfüllen. Dadurch wird er frei für neue Entscheidungen und Handlungen.

Durch die Identifizierung mit seiner Aufgabenstellung entsteht ein Umfeld von Freude und Selbsterfüllung. Diese positive Ausstrahlung wirkt auf sein Umfeld und wird dann auch auf dieses übertragen.

Merke: Wir wirken immer, unabhängig wie wir uns verhalten, dieses muss uns stets bewusst sein. Es ist entscheidend, dass wir unser Handeln auch danach ausrichten.

4. Persönliche Werte

Meine persönlichen Kernwerte (Thomas Serrano) sind **G O K A F Ü**

Gegenseitiger Respekt

Offenheit (beinhaltet Klarheit und Transparenz)

Konsequenz (involviert Verlässlichkeit)

Authentizität (und darin enthalten auch Integrität)

Fairness

Übernahme von Verantwortung

Diese Eigenschaften prägen meine persönliche Haltung und bilden damit einen Bestandteil meiner Person.

Jeder Mensch besitzt andere Wertvorstellungen. Diese müssen nicht zwingend mit unseren eigenen Werten deckungsgleich sein. Ganz im Gegenteil, im Team können diese sogar sehr stark variierten und auch abweichend von den Unternehmenszielen sein.
Um eine konstruktive und wertschöpfende Zusammenarbeit zu fördern, können im Team unterschiedliche Werte gemeinsam definiert werden (siehe Kapitel 27). Die gemeinsamen Werte sind dann für alle Teilnehmer verbindlich und müssen von diesen eingehalten werden.

5. Selbstfindung

An dieser Stelle möchte ich Sie zu folgenden Gedankengängen einladen:

Schreiben Sie, für sich selbst einige Werte auf, welche für sie persönlich wichtig sind. Hierbei geht es rein um die elementaren Grundwerte. Die Liste sollte nicht zu lang sein. Denn im Anschluss müssen Sie auch nach Ihrer persönlichen Überzeugung leben und die von ihnen definierten Werte kompromisslos vertreten können.

Innerhalb dieser Übung, können Sie zusätzlich ihr eigenes Führungs-Doktrin verfassen. Umso klarer sie in ihrem Eigenbild sind, umso besser können sie dieses gegenüber ihren Mitmenschen vertreten. Sie verkörpern dadurch Standfestigkeit, Überzeugung und Authentizität.

Für mich ist dieser Teil besonders wichtig, denn nur wenn wir innerlich klar strukturiert und aufgeräumt sind, können wir im Alltag die richtigen Entscheidungen treffen. Oftmals müssen wir als Führungskraft komplexe Entscheidungen in sehr kurzer Zeit fällen. Dabei können die Interessen der verschiedenen Stakeholder sehr unterschiedlich sein. Einer guten Führungskraft gelingt es zwischen den Bedürfnissen der einzelnen Beteiligten, im Unternehmenssinn, zu entscheiden. MA schätzen dabei klare Regeln, Fairness und Verlässlichkeit. Führungskräfte welche unsicher sind, ihre Meinung ständig wechseln und wie ein Fähnchen im Wind hin- und herschwenken, verlieren schnell den Respekt und die Wertschätzung vom MA.

Hier noch ein paar weitere Gedankengänge, welche mir pers. sehr gut gefallen:

- Verhalte dich als Führungskraft so, wie du dir das Verhalten deines eigenen Vorgesetzten selber wünscht.

- Gute Führungskräfte leben **von** und **mit** Veränderungen und profitieren von diesen.

- Nichts ist so schlecht, dass es nicht auch für irgend etwas anderes wieder gut ist.

Also, nun viel Freude beim definieren und ausformulieren der für Euch persönlich wichtigen Werte. Falls bei der Erstellung eures eigenen Führungs-Doktrin noch Unsicherheit besteht, kann dieses auch später nachgeholt werden. Jedoch sollte es nicht vergessen werden.

6. Übernahme von Verantwortung

Übernahme von Verantwortung heißt einerseits, dass wir für unser Handeln gerade stehen. Auf der anderen Seite ist Verantwortungsübernahme stets mit Vertrauen verknüpft. Und wir Menschen mögen es gerne, wenn uns Vertrauen geschenkt wird. Daher sind Führungskräfte gut beraten, wenn sie Ihren Mitarbeitern Vertrauen schenken und diese selbstverantwortlich, entsprechend ihrem Reifegrad, handeln lassen. Der Vorgesetzte überprüft dabei die Einhaltung der Zielsetzungen und unterstützt den MA, durch Hilfestellungen, bei Kursabweichungen.

7. Warum ist das Thema Führung für mich pers. so wichtig?

Der Autor führt seit über 20 Jahren Teams in verschiedenen Funktionen und mit unterschiedlicher Teamzusammensetzung. Als Produktionsleiter umfasst seine Führungsspanne teilweise mehr als 100 MA. Im Rahmen der Personalführung und seinem persönlichen Führungskonzept ist ihm sowohl der kooperative Führungsstil, als auch eine konstruktive Rückmeldung von Leistungsbeurteilungen stets ein großes Anliegen.

Er hat sich stark mit dem Thema der Motivationsfaktoren, menschlicher Bedürfnisse und deren Antreiber beschäftigt. Beim Führen von Teams sind diese Themenfelder ständig präsent und bilden einen Großteil seiner beruflichen Aufgabenstellung. Dadurch hat er sich auch außerhalb seiner beruflichen Laufbahn vertieft mit diesem Themenkreis auseinandergesetzt und bereits unterschiedliche Abhandlungen darüber veröffentlicht.

In herstellungs- und produktionsorientierten Unternehmungen bildet die Produktion in der Regel die personalintensivste Abteilung und ist getrieben von Faktoren der Kosten- Leistungs- und Nutzenrechnung. Dadurch wachsen die Anforderungen an eine Führungskraft und setzten sich aus unterschiedlichen Erwartungshaltungen zusammen. Dieses sind einerseits, eine zielorientiert und abteilungsübergreifende Zusammenarbeit mit den verschiedensten Stakeholder. Ein verknüpftes Denken zwischen technischen Aufgabenstellungen, menschlicher Bedürfnisse und betriebswirtschaftlichen Herausforderungen. Und letztlich den Spagat zwischen der Zielerfüllung von Qualität, Liefertermine, Quantität (inkl. stetiger Output-Erhöhung) und motivierender Mitarbeiterführung.

„Produktivität, Effektivitäts- und Effizienzsteigerungen, Personal- und Investitionskosten sind tägliche Themen und Fragestellungen, mit welchen ich konfrontiert werde. In meinem heutigen Unternehmen betragen die Personalkosten 60% der Herstellkosten. Somit bildet die Motivation, jedes einzelnen Betriebsmitarbeiters und die dadurch verknüpfte Leistung, unter Bezug der Qualität der Leistung, einen erheblichen Faktor an der Unternehmensbewertung. Letztlich steht und fällt mit der Motivation, den Grundwerten und der Einstellung der Belegschaft zum Unternehmen der Gesamterfolg des Unternehmens“.[4]

Menschen wollen sich weiterentwickeln und wachsen. Sie möchten sich Herausforderungen stellen und Neues angehen. Für die Menschheit entsteht dadurch die Faszination am Beruf und an der Arbeit.[5] Unsere Aufgabe als Führungskraft besteht darin, ihnen diesen Freiraum zu verschaffen. Denn es sind die MA welche über den Erfolg des Unternehmens entscheiden.

---

[4] Thomas Serrano, *Empirische Betrachtung zum kooperativen Führungsstil und dessen Wirkung auf die Motivation der Produktionsmitarbeiter am Beispiel einer pharmazeutischen Lohnverpackungsfirma* (Master Thesis, Donau Universität Krems, 2015), S.3.

[5] Vgl. Michael Hilti, „Unternehmer im Unternehmen - Beispiel Hilti AG“, in *Mitarbeiter als Mitunternehmer: Grundlagen ; Förderinstrumente ; Praxisbeispiele*, hg. von Rolf Wunderer (Neuwied: Luchterhand, 1999), S254.

Führungskonzept

Thomas Serrano

8. Führungstheorie

In der Theorie des Führens steht der personale Einfluss auf die Geführten im Mittelpunkt der Betrachtung. Es besteht eine hierarchisch strukturierte soziale Beziehung, wobei typischerweise dem MA ein Verantwortlicher vorgesetzt ist.[6]

Die vielen unterschiedlichen Führungskonzepte lassen sich prinzipiell in situative und universelle Theorien unterscheiden. Die universellen Theorien gehen von der Annahme aus, dass es situationsunabhängig nur einen besten Führungsstil gibt. Der situative Führungsstil passt sich hingegen der jeweiligen Situation an. Das Verhalten der Führungskraft ist dann entsprechend der bestehenden Situation angepasst. Daneben existiert bei den Führungsmodellen noch eine Einteilung in Eigenschafts- und Verhaltenstheorien.[7]

Die Eigenschaftstheorie ist die älteste und wohl am weitläufigsten verbreitetste Führungstheorie von allen. Dabei geht sie von der Annahme aus, daß als entscheidender Einflussfaktor über den Erfolg oder den Misserfolg von Führung, die Eigenschaften der Führerpersönlichkeit verantwortlich sind. Hierbei handelt es sich um angeborene oder frühzeitig sozialisierte Eigenschaften der Führungsperson.[8] Eine weitere personalisierte Führungstheorie ist die charismatische Führung. Dieser Führungsansatz trifft nur auf einige wenige auserwählte Führungskräfte zu. Der charismatische Führer besitzt dabei eine starke beeinflussende Ausstrahlung und zieht die Geführten in seinen Bann. Die Geführten weisen eine sehr hohe Identifizierung mit den Zielen und Vorgaben der Führungsperson auf. Durch die Vorbildfunktion der Führungskraft, werden die MA außergewöhnlich positiv motiviert. In Krisensituationen sind Menschen oftmals besonders empfänglich für charismatische Führer. Auf der anderen Seite ist der charismatische Bann vergänglich und die Geschichte lehrt uns die Gefahren vom Machtmissbrauch des Führenden gegenüber seiner Gefolgschaft.[9]

Seit den 40er Jahren des 20. Jahrhunderts beschäftigt sich die Forschung mit der verhaltensorientierten Führung. Führungstheorien beschreiben dabei die Bedingungen, Formen, Strukturen und Ursachen von Führung. Der Begriff Mitarbeiterführung bezeichnet die Art und Weise und in welcher Form eine Führungskraft den Umgang mit den ihm unterstellten Mitarbeitern gestaltet.

In der deutschsprachigen Betriebswirtschaftslehre wird zwischen der Lehre der Unternehmensführung, dem Management und der Mitarbeiterführung (Leadership) unterschieden. Management steht hierbei als institutionelle Funktion. Wogegen bei der Mitarbeiterführung der Mensch mit seinen Eigenschaften in den Mittelpunkt rückt.[10]

---

[6] Vgl. Oswald Neuberger, *Führen und geführt werden*, 3. Aufl. (Stuttgart: Enke, 1990), S.177.

[7] vgl. Johannes Steyrer, „Theorie der Führung", in *Personalmanagement, Führung, Organisation*, hg. von Helmut Kasper und Wolfgang Mayrhofer, 4. Aufl. (Wien: Linde, 2009), S.40.

[8] Vgl. Wolfgang Weber, Hrsg., *Grundlagen der Personalwirtschaft: Theorien und Konzepte* (Wiesbaden: Gabler, 1996), S.146-147.

[9] Vgl. ebd., S.148-149.

[10] Vgl. Rolf Wunderer, „Betriebswirtschaftliche Führungsforschung und Führungslehre", in *Betriebswirtschaftslehre als Management- und Führungslehre*, hg. von Rolf Wunderer, 2. Aufl. (Stuttgart: Poeschel, 1988), S.34.

Führungskonzept

Thomas Serrano

„Wenn über Führung geredet wird, geht es um Handlungssteuerung“.[11] *„In der Führungsforschung wird häufig eine Antwort auf die Frage gesucht, wie Führungserfolg erzielt und gesichert werden kann“.*[12] Grundsätzlich bietet die Führungslehre drei verschiedene Zugänge. Die personalisierte Sicht der Führung, in welcher der Führungserfolg an persönlicher Attribute des Führungsverantwortlichen behaftet wird. Die situative Führungstheorie geht davon aus, dass der Führungserfolg von unterschiedlichen Gegebenheiten und Situationen abhängig ist. Hingegen beschreib die strukturelle Sichtweise die Abhängigkeit des Führungshandelns von äußeren Rahmenbedingungen.[13]

„Führung befindet sich im Wandel“.[14] Das traditionelle gesellschaftliche Bild, vom allwissendem Meister und ausführenden Gesellen und Lehrbuben entspricht nicht mehr der Realität unserer heutigen Arbeitswelt. Heute besitzt der Fachspezialist auf seinem Tätigkeitsgebiet häufig ein höheres Fachwissen als sein Vorgesetzter. Die Aufgabe der Führungskraft verändert sich somit zunehmend zur Koordination und Führung von Mitarbeitern. Das Ziel des Vorgesetzten besteht daraus, die Fachspezialisten zur Eigeninitiative anzuleiten und zum unternehmerischen Handeln zu motivieren. D. h. die MA sollen dahin bewegt werden, dass sie aus eigener Überzeugung und eigener Initiative die Unternehmenswerte verinnerlichen und unterstützen.[15]

Führung spielt sich, innerhalb einer Organisation auf unterschiedlichen Ebenen ab. Auf der individuellen Ebene zwischen MA und Vorgesetzten, findet eine wechselseitige Einflussbeziehung statt. Innerhalb der Gruppenebene findet eine Interaktionsbeziehung zwischen Führungskraft und den Mitarbeitern statt. Der Einfluss der Organisationsebene wird in Form von Prozessen und Vorschriften wirksam.[16] *„Den größten Einfluss auf die Leistungen der Mitarbeiter haben die verantwortlichen Führungskräfte“.*[17]

Auf den Führungsstil eines Vorgesetzten haben fünf Einflussfaktoren direkten Einfluss. Dieses ist die Führungskraft selbst. Den zweiten Faktor bildet der MA und der dritte Faktor setzt sich aus der Gruppe und der Gruppendynamik zusammen. Gemeinsame Aufgaben und Ziele bilden den vierten Einfluss. Die Situation generiert letztlich den fünften Faktor.[18]

Die nachfolgende Abbildung (Abb.) veranschaulicht, aus Betrachtung des Autors, den Zusammenhang von unterschiedlichen Einflussfaktoren innerhalb der Mitarbeiterführung.

---

[11] Neuberger, *Führen und geführt werden*, S.244.

[12] Weber, *Grundlagen der Personalwirtschaft*, S.117.

[13] Vgl. ebd.

[14] Lutz von Rosenstiel, „Mitunternehmertum - Unterstützung durch unternehmerische Kulturgestaltung“, in *Mitarbeiter als Mitunternehmer: Grundlagen ; Förderinstrumente ; Praxisbeispiele*, hg. von Rolf Wunderer (Neuwied: Luchterhand, 1999), S.81.

[15] Vgl. ebd., S.81-83.

[16] Vgl. Weber, *Grundlagen der Personalwirtschaft*, S.119.

[17] Christian Loffing, *Mitarbeiter richtig führen: erfolgreiche Führungskräfte führen flexibel*, 1. Aufl. (Stuttgart: Kohlhammer, 2005), S.13.

[18] vgl. Rainer W. Stroebe und Guntram H. Stroebe, *Grundlagen der Führung: mit Führungsmodellen*, 7. Aufl. (Heidelberg: Sauer, 1992), S.12.

9. Einflussfaktoren Mitarbeiterführung

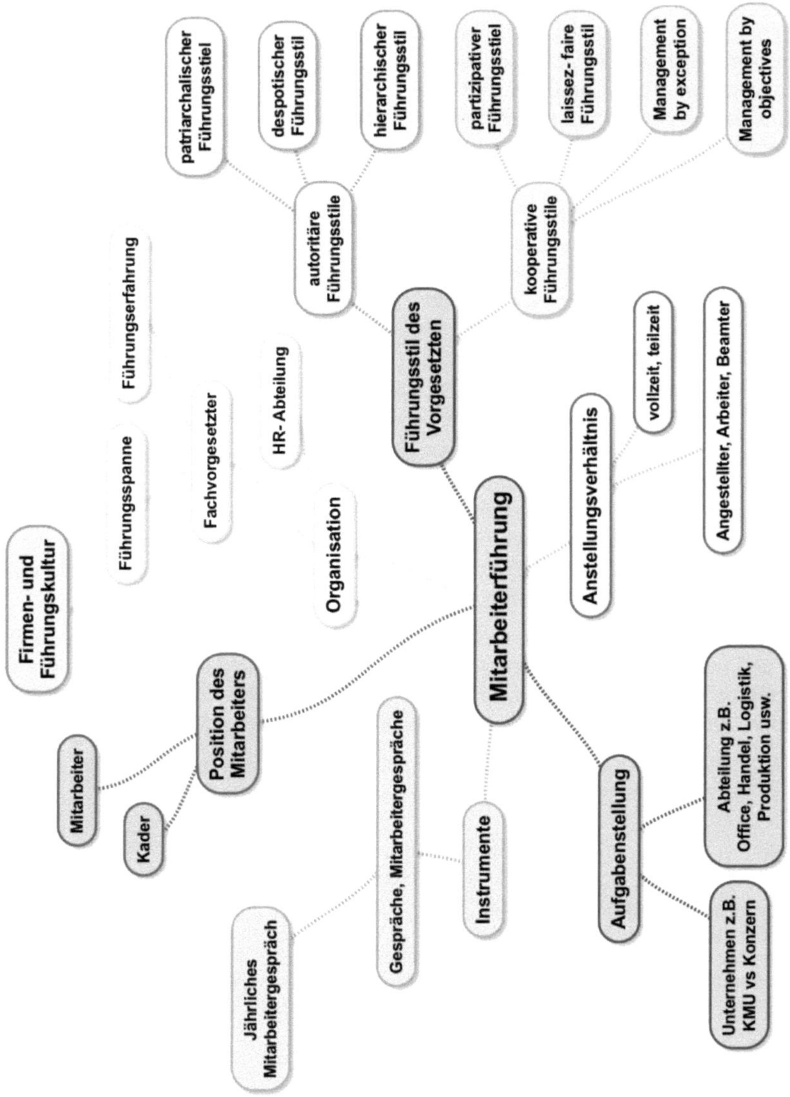

Abb. 1: Einflussfaktoren innerhalb der Mitarbeiterführung
Quelle: Eigene Darstellung

10. Führungsorganisation

Unternehmen und Organisationen stellen soziale Gebilde dar. Innerhalb dieser Gebilde handeln Menschen, welche zu Erfüllung gemeinsamer Aufgabenstellungen in Beziehungen untereinander stehen. Innerhalb dieser Beziehungen entstehen unterschiedliche Denk- und Handlungsmuster, welche von gemeinsamen Werten und der Unternehmenskultur geprägt werden.[19]

Organisationen bestehen aus einem zweckbestimmten Zusammenschluss von Menschen. Die Individuen bringen dabei nicht nur ihre Arbeitskraft, sondern ihre gesamte Person in die Unternehmung ein. Dadurch entsteht eine wechselseitige Zweck-Mittel-Beziehung welche MA, Vorgesetzten und die Organisation miteinander verbindet.[20] Innerhalb Organisationen spielt sich Führung, dabei auf unterschiedlichen Ebenen ab. Auf der individuellen Ebene zwischen MA und Vorgesetzten, findet eine wechselseitige Einflussbeziehung statt. Innerhalb der Gruppenebene entsteht eine Interaktionsbeziehung zwischen Führungskraft und den Mitarbeitern. Der Einfluss der Organisationsebene kommt in Form von Vorschriften und Prozessen zum tragen.[21]

Führung hat einen großen Anteil am Unternehmenserfolg. Zur erfolgreichen Führung benötigt die Führungskraft eine entsprechende Atmosphäre. Ohne ein kooperatives Umfeld aus Mitarbeitern und Organisation scheitern selbst begabte Führungskräfte.[22]

11. Betriebsklima

Das Betriebsklima kann mit der Stimmung und der Arbeitsfreude beschrieben werden, wie die MA Ihre Aufgaben erledigen. Dieses Resultat spiegelt das Ergebnis aus der Übereinstimmung, zwischen den Erwartungen der einzelnen Akteure und den vorgefundenen Arbeitsbedingungen.[23]

Gute Arbeitsbedingungen im Bezug auf eine optimale Gestaltung des Arbeitsablaufes und des Arbeitsplatzes sind alleinig nicht ausreichend um den MA zur vollen Leistungsbereitschaft zu motivieren. Zwischenmenschliche Beziehungen zwischen den Mitarbeitern untereinander und dem Verhältnis zwischen MA und Vorgesetzten gestalten das Betriebsklima maßgeblich.[24] MA welche Stolz auf ihren Arbeitsplatz und ihr Unternehmen sind, erzeugen Begeisterung und sehen einen Sinn in ihrer Aufgabenerfüllung. Dieses Gefühl ist ansteckend und wirkt sich auf alle

---

[19] Vgl. Jean-Paul Thommen und Ann-Kristin Achleitner, *Allgemeine Betriebswirtschaftslehre: Umfassende Einführung aus managementorientierter Sicht*, 7. Aufl. (Wiesbaden: Springer Fachmedien Wiesbaden GmbH, 2012), S.953.

[20] Vgl. Manfred Schulte-Zurhausen, *Organisation*, 5. Aufl. (München: Vahlen, 2010), S.68.

[21] Vgl. Weber, *Grundlagen der Personalwirtschaft*, S.119.

[22] Vgl. Werner Roth, *Mehr Zufriedenheit, bessere Leistung, größerer Gewinn: praxisbewährte Methoden zur Steigerung der Leistung und Einsatzbereitschaft der Mitarbeiter* (Landsberg am Lech: Moderne Industrie, 1985), S.46.

[23] vgl. Kurt. Haberkorn, *Praxis der Mitarbeiterführung: ein Grundriss mit zahlreichen Checklisten zur Verbesserung des Führungsverhaltens*, 4. Aufl. (Ehningen bei Böblingen: Expert-Verl., 1992), S.127.

[24] vgl. Günter Wöhe und Ulrich Döring, *Einführung in die allgemeine Betriebswirtschaftslehre*, 20. Aufl., Vahlens Handbücher der Wirtschafts- und Sozialwissenschaften (München: Vahlen, 2000), S.253.

Beschäftigten im Unternehmen positiv aus. Die gute Meinung über die Firma wird vom MA weiter bis zum Kunden übertragen. Wertschätzung und Selbstachtung ist für Menschen ein grundlegendes Bedürfnis. Wenn sich Menschen mit ihrem Unternehmen identifizieren können, bekunden sie dieses gerne und voller Stolz.[25]

Zu den grundlegenden Aufgaben einer Führungskraft gehört das Schaffen eins positiven Betriebsklimas. Hierzu zählt die persönliche und betriebliche Stimmungspflege.[26] Ein schlechtes Betriebsklima spiegelt eine negative Stimmung im Betrieb. Es ist das Ergebnis einer geringen Motivation der MA und auf schlechte Führung zurückzuführen.[27] *„Zufriedenheit und Unzufriedenheit sind Gefühlszustände, subjektive Befindlichkeiten der Personen. Motivierte Menschen sind zufriedener, unmotivierte sind es nicht“.*[28]

„In zahlreichen empirischen Untersuchungen zeigte sich in der Tendenz, daß mit steigender Arbeitszufriedenheit die Fluktuation, die Fehlzeiten und die Unfallhäufigkeit sinken“.[29] *„Die Stimmung, die in einem Betrieb herrscht, spiegelt sich im Betriebsklima wieder. Jeder Betriebsangehörige trägt seinen Anteil im negativen sowie im positiven Sinn zum Betriebsklima bei. Entscheidend ist, dass durch das Betriebsklima die Motivation und damit das Leistungsvermögen der Mitarbeiter stark beeinflusst wird“.*[30]

12. Mitarbeiterführung

Der praktizierte Führungsstil und die Unternehmenskultur haben einen erheblichen Einfluss auf die Umgangsformen und die Kommunikationskultur im Unternehmen.[31] Hierbei bilden Führung und Zusammenarbeit die beiden Seiten derselben Medaille. Führen, geführt werden und Zusammenarbeit sind nur verschiedene Facetten innerhalb einer organisatorischen Beziehungsgestaltung.[32] Führung ist ein Zusammenspiel zwischen der Persönlichkeit des Führenden und den Einflüssen der Führungssituation. Um Erfolgreich führen zu können, muss die Führungskraft ihr Verhalten an die Anforderungen der Situation und Besonderheiten des angestrebten Ziels anpassen.[33]

---

[25] vgl. Kevin James Murphy, *Führen mit gesundem Menschenverstand* (Freiburg im Breisgau: Haufe, 1991), S.19-20.

[26] vgl. Hans Christian Altmann, *Motivation der Mitarbeiter: Methoden, Konzepte, Erfolgsbeispiele* (Frankfurt (Main): Frankfurter Allgemeine Zeitung, 1989), S.43-44.

[27] vgl. ebd., S.48.

[28] Fred Fuhrer, *Mitarbeiter führen: Grundlagen und Impulse aus der Praxis*, 5. Aufl. (Altstätten: Tobler, 2005), S.38.

[29] Horst Steinmann und Georg Schreyögg, *Management: Grundlagen der Unternehmensführung ; Konzepte - Funktionen - Fallstudien*, 3. Aufl. (Wiesbaden: Gabler, 1993), S.487.

[30] Hans Jung, *Personalwirtschaft*, 6. Aufl. (München: Oldenbourg, 2005), S.399.

[31] Vgl. Eberhard Seidel, *Führungsstil und Führungsorganisation*, Erträge der Forschung (Darmstadt: Wissenschaftliche Buchgesellschaft, 1988), S.221.

[32] Vgl. Rolf Wunderer, „Führung und Zusammenarbeit: Grundlagen innerorganisatorischer Beziehungsgestaltung“, *Zeitschrift für Personalforschung* Heft 4 (1996): S.386.

[33] Vgl. Lutz von Rosenstiel, Erika Regnet, und Michel E. Domsch, Hrsg., *Führung von Mitarbeitern: Handbuch für erfolgreiches Personalmanagement*, 7. Aufl. (Stuttgart: Schäffer-Poeschel Verlag, 2014), S.1.

13. Selbstreflektion

Für mich hat gute Führung viel damit zu tun, wie gut sich ein Mensch selbst beobachten und einschätzen kann. D. h. wir sollten unsere Handlungen selbstkritisch hinterfragen. Umso ehrlicher und öfter wir diese tun, umso gefestigter wird unser Verhalten. Denn nur wenn wir erkennen, wie wir auf andere Menschen wirken, können wir unsere Führung anpassen und damit unseren Führungsstil verbessern.

Dabei wird häufig das Eigen- und das Fremdbild unterschiedlich war genommen. Diese ist jedoch ein normaler Prozess. Wir selber sehen uns und unsere Handlungen aus der Eigenperspektive. Grundsätzlich betrachten wir uns positiv und nehmen unser Verhalten auch so war. Ohne ein Abgleich von außen fehlt die Vergleichsmöglichkeit. Es besteht die Gefahr einer einseitigen Betrachtung. Diese kann letztlich dazu führen, dass wir uns selber überbewerten uns selbstüberschätzen. Eine Möglichkeit zum Abgleich von Eigen- und Fremdwahrnehmung wird in Kapitel 31 beschrieben.

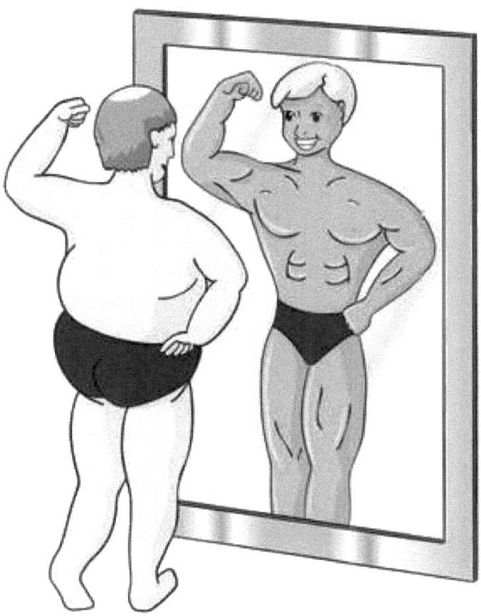

Abb. 2: Positivierte Selbstwahrnehmung
Quelle: Unbekannt

14. Das Johari-Fenster

Das Johari Fenster wurde 1955 von den amerikanischen Sozialpsychologen Joseph Luft und Harry Ingham entwickelt. Der Name wurde dabei aus den Vornamen dieser beiden Personen abgleiten. Das Johari Fenster wird vor allem zur Erklärung des “blinden Fleck” eines Menschen herangezogen. Es verdeutlicht, daß “Selbstwahrnehmung” und “Fremdwahrnehmung” sich in aller Regel nicht entsprechen. Der Betroffene nimmt sich selbst anders wahr, als das andere Personen tun. Ein Ziel dieses Modells ist es, den persönlichen Handlungsspielraum transparenter zu gestalten.[34]

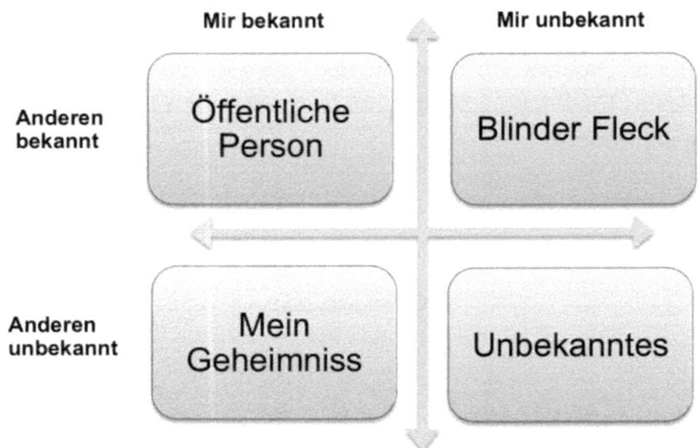

Abb. 3: Johari-Fenster
Quelle: Eigene Darstellung in Anlehnung an Joseph Luft und Harry Ingham

Die öffentliche Person – Bereich des freien Handelns
Öffentlich ist alles, was ein Mensch von sich preis gibt, was also ihm selbst und anderen bekannt ist.

Mein Geheimnis – der Bereich des Verbergens
Mein Geheimnis (oder die private Person) beinhaltet alles, was dem Betroffenen bewusst ist, das andere Personen aber nicht wahrnehmen. Dieser Teil umfasst den Bereich der Zurückhaltung, wo wir unser Handeln vor den anderen bewusst oder unbewusst verbergen.

Der Blinder Fleck
Zum blinden Fleck gehören alle Eigenschaften der Person, die ihr selbst nicht bekannt sind, von anderen Personen aber wahrgenommen werden.

Unbekanntes – der Bereich des Unbewussten
Dazu gehören alle Merkmale und Eigenschaften, die weder der eigenen Person nach anderen Personen bekannt sind.

[34] Vgl. Andrea Windolph, „Projekte-leicht-gemacht“, *Johari Fenster- Das praktische Modell, um Selbst- und Fremdwahrnehmenug abzugleichen*, 01 2017, https://projekte-leicht-gemacht.de/blog/pm-methoden-erklaert/johari-fenster/.

Führungskonzept

Thomas Serrano

15. Was zeichnet gute Führung aus?

Als Führungskraft müssen Sie in der Lage sein, Ihre MA zu inspirieren und zu mobilisieren. Gute Führung sollte dem MA den Freiraum geben, welchen er benötigt um sich optimal im betrieblichen Umfeld und in dessen Organisation entwichen zu können. Dieses beinhaltet eine lebhafte Feedbackkultur, in welcher sich die Menschen gegenseitig positiv betrachten. Vertrauen bildet hierbei die Grundlage der kooperativen Zusammenarbeit. Dem Menschen wird Achtung und Wertschätzung entgegengebracht und die Zusammenarbeit ist von Offenheit und Toleranz geprägt.

Eine gute Führungskultur schafft ein Umfeld, welches die MA motiviert und fördert. Sie generiert einen stabilen Rahmen, welcher die MA zur Selbstständigkeit befähigt. Hierbei wird auch das Treffen von Entscheidungen gefordert. Durch Entscheidungen wird Komplexität reduziert und Orientierung geschaffen. Zuständigkeiten und Handlungskompetenzen müssen dabei klar geregelt werden.

Ein guter Vorgesetzter übernimmt die Verantwortung für sein Handeln und stellt sich neuen Herausforderungen. Gute Führungskräfte sind stabile Persönlichkeiten, welche durch Konflikte nicht sofort aus dem Gleichgewicht geraten.

Sie sollten sich an den Gegebenheiten und der bestehenden Situationen orientieren und müssen ihren Führungsstil entsprechend den Bedürfnissen der Gesamtsituation anpassen. Die grundsätzliche Verwendung eines kooperativen Führungsstils erhöht hierbei die Wahrscheinlichkeit, einer erfolgreichen Mitarbeiterführung.

16. Führungsethik

Führung bezeichnet ein soziales Phänomen, welche in nahezu allen gesellschaftlichen Beziehungen anzutreffen ist. Von besonderer Bedeutung ist das Führungsphänomen für unsere Betrachtung, jedoch in organisatorischen Kontexten. Also dort, wo eine Führung unter dem Begriff der Personal- oder Mitarbeiterführung stattfindet.[35] Führungsethik setzt sich dabei mit der Fragestellung nach einer ethisch legitimen Art und Weise der Führungsbeziehung zwischen Vorgesetztem und Geführten auseinander.[36]

Die Führungsforschung beschäftigt sich mit der Fragestellung: Wie kann seitens der Führung das Verhalten anderer Menschen beeinflusst und gesteuert werden? Häufig wird versucht den Führungserfolg über Kennzahlen zu messen. Bei der Fragestellung nach der Effizienz der Führung darf die Betrachtung nach der Ethik der Führung nicht vernachlässigt werden.[37]

---

[35] Vgl. Thomas Kuhn und Jürgen Weibler, *Führungsethik in Organisationen* (Stuttgart: Kohlhammer, 2012), S.15.

[36] Vgl. Jürgen Weibler u. a., *Personalführung*, 2. (München: Vahlen, 2012), S.621.

[37] Vgl. Kuhn und Weibler, *Führungsethik in Organisationen*, S.17-18.

Ethische Führung bewirkt eine hohe Mitarbeiterzufriedenheit. Diese erzeugt wiederum eine starke Leistungsbereitschaft der MA. Somit lässt sich sagen, dass erfolgreiche Führung grundsätzlich eine ethische Führung voraussetzt.[38]

Führung hat auch etwas mit dem Begriff Macht zu tun. Die Führungsmacht wird hierbei in positionale und personale Macht unterteilt und in der nachfolgenden Tabelle differenziert.

Führungsmacht	
Positionale Macht	Personale Macht
• Amtsautorität • Belohnungsmacht • Bestrafungsmacht • Informationsmacht	• Expertenmacht • Überzeugungsmacht • Identifikationsmacht • Charismatische Macht

Abb. 4: Grundlagen der Führungsmacht
Quelle: Kuhn Thomas und Weibler Jürgen, Führungsethik in Organisationen (Stuttgart: Kohlhammer, 2012), S.21

Die machtfundierte Mitarbeiterführung hat einen starken Einfluss auf das Arbeits- und Leistungsverhalten und auf die Arbeits- und Lebensqualität der MA. Für den Führungserfolg ist eine ethikbewusste Mitarbeiterführung von entscheidender Bedeutung. Durch die Wahl des Führungsstils hat die Führungskraft einen erheblichen Einfluss auf die Arbeitszufriedenheit der ihr unterstellten MA und trägt eine Humanverantwortung gegenüber dieser. Gesamtheitlich wird die Arbeitszufriedenheit der MA durch eine offene und faire Führungskultur geprägt und entsteht nicht nur durch die besondere Persönlichkeit eines Vorgesetzten. In Organisationen erfolgt die Personalführung auf unterschiedlichen Ebenen. Einerseits besteht eine strukturelle und organisatorische Führungskultur im Unternehmen und wirkt als indirekte Führung auf die MA. Eine weitere Ebene erfolgt durch die direkte Führung des Vorgesetzten.[39]

Siehe hierzu auch Kapitel 8 „Führungstheorie“

---

[38] Vgl. ebd., S.26-27.

[39] Vgl. Thomas Kuhn und Jürgen Weibler, „Führungsethik: Notwendigkeit, Ansätze und Vorbedingungen ethikbewusster Mitarbeiterführung“, in *Die Unternehmensführung*, 57. Jg., Heft 5, 2003, S.375-377.

Die nachfolgende Darstellung verdeutlicht den Bezugsrahmen der Einflussfaktoren innerhalb der Personalführung und bildet zusätzlich noch die Wirkungen ab.

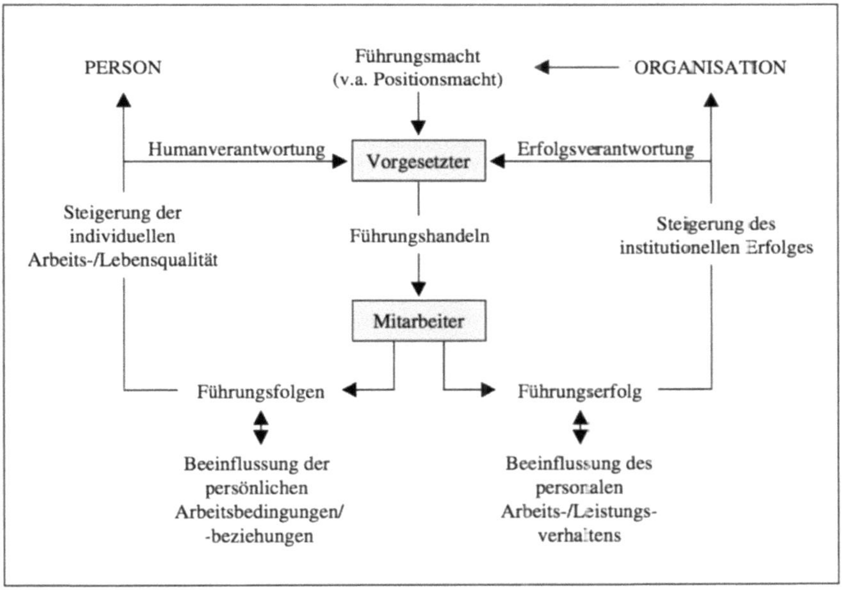

Abb. 5: Mitarbeiterführung – ein problemorientierter Bezugsrahmen
Quelle: : Kuhn Thomas und Weibler Jürgen, „Führungsethik: Notwendigkeit, Ansätze und Vorbedingungen ethikbewusster Mitarbeiterführung“, in Die Unternehmensführung, 57. Jg., Heft 5, 2003, S. 377

Unternehmen haben aus erfolgsstrategischen Überlegungen ein großes Interesse an einer kontinuierlichen Verbesserung der Mitarbeiterführung, im Sinne einer ethisch guten Führung. Gute oder schlechte Führung wird tendenziell in Verbindung zum Vorgesetzten gebracht. Aus diesem Grund stehen im Mittelpunkt der Betrachtungen, häufig der Charakter und die Tugendhaftigkeit von Menschen.[40] Der Einfluss der Führungsorganisation auf das gesamte Führungsgefüge darf hierbei aber nicht unterschätzt werden. Die Organisation mit der bestehenden Unternehmens- und Führungskultur hat eine starke Einflussnahme auf den Führungserfolg im Unternehmen.[41]

---

[40] Vgl. Kuhn und Weibler, *Führungsethik in Organisationen*, S.96-98.
[41] Vgl. ebd., S.129-130.

17. Abbau von Demotivationen

„Demotivation ist ein Zustand beeinträchtigter, zerstörtet oder verlorener Motivation“.[42] Äußere Anreize haben nur eine begrenzte Wirksamkeit auf die Motivation von Menschen. Sie besitzen jedoch eine dysfunktionale Nebenwirkung. Diese negative Beeinträchtigung kann sich in Form von Demotivation, Frustration oder bis zur inneren Kündigung auswirken.[43]

Die nachfolgende Abb. zeigt Einflussfaktoren auf, welche ggf. einen demotivierenden Einfluss auf den MA haben können. Im Bezug auf eine zielgerichtete und motivierende Mitarbeiterführung ist es hilfreich diese negativen Störungen zu kennen und zu analysieren. Im Bedarfsfall kann dann mit Korrekturmöglichkeiten gegengesteuert werden.

Abb. 6: Einflussfelder der Demotivation
Quelle: [44]

„Wer seine Mitarbeiter ständig kontrolliert, verspielt ihre Motivation. Vertrauen ist die Basis jeder Arbeitsbeziehung“.[45] Eine unzweckmäßige und hemmende Führungsstruktur gilt als einer der größten Treiber im Bezug auf die Demotivation von Mitarbeitern.[46] Daraus lässt sich ableiten: *"Behandle dein Team so, wie du selbst behandelt werden möchtest"*.[47]

---

[42] Rolf Wunderer, *Führung und Zusammenarbeit: eine unternehmerische Führungslehre*, 4. Aufl. (Neuwied: Luchterhand, 2001), S.105.
[43] Vgl. ebd.
[44] Vgl. ebd., S.138.
[45] Sabine Hockling, „Chefsache: So gewinnen Führungskräfte das Vertrauen ihrer Mitarbeiter | ZEIT ONLINE“, 20. Dezember 2012, http://www.zeit.de/karriere/beruf/2012-01/chefsache-vertrauen-mitarbeiter.
[46] Vgl. Wunderer, *Führung und Zusammenarbeit*, S.13.
[47] Sabine Hockling, „Mitarbeiterführung: ‚Behandle dein Team so, wie du selbst behandelt werden möchtest‘ | ZEIT ONLINE“, 3. Oktober 2014, S.1, http://www.zeit.de/karriere/beruf/2014-09/lob-wertschaetzung-chef-mitarbeiter.

18. Motivation

Die nachfolgende Abb. zeigt unterschiedliche Einflussfaktoren, welche sich auf die Motivation von Menschen auswirken.

Abb. 7: Motivation
Quelle: Eigene Darstellung

Das Wort Motivation leitet sich aus dem lateinischem Wort „movere" (bewegen) ab.[48] Motivationstheorien dienen zur Klärung von menschlichem Verhalten. Dabei sind die zugrunde liegenden Motive und Antreiber des Einzelnen von unterschiedlicher Natur und Ausprägung.[49]

„Unter Motivation versteht man die Aktivierung oder Erhöhung der Verhaltensbereitschaft eines Menschen bestimmte Ziele, welche auf eine Bedürfnisbefriedigung ausgerichtet sind, zu erreichen".[50] Menschen streben danach, ihre Handlungen auf Zielerreichung mit einem möglichst hohen Wirksamkeitsgrad auszurichten. Mit voranschreitender Persönlichkeitsentwicklung richten sie ihr Verhalten danach, wünschenswertes zu erreichen und unerwünschtes zu vermeiden. Eine besondere Herausforderung für Führungskräfte liegt darin, den Geführten so zu lenken, dass dieser sein Verhalten entsprechend den übergeordneten Organisationszielen bestmöglich einsetzt.[51]

[48] Vgl. Rüdiger Hossiep, Jennifer Esther Bittner, und Wolfram Berndt, *Mitarbeitergespräche: motivierend, wirksam, nachhaltig*, Praxis der Personalpsychologie (Göttingen: Hogrefe, 2008), S.26.
[49] Vgl. Neges und Neges, *Führungskraft und Mitarbeiter*, S.40-41.
[50] Thommen und Achleitner, *Allgemeine Betriebswirtschaftslehre*, S.766.
[51] Vgl. Weibler u. a., *Personalführung*, S.178.

Führungskonzept

Thomas Serrano

Führende sollten auf die Ausprägung der Motivation ihrer Nachgeordneten achten und diese im Auge behalten. Die Motivation der MA hat eine starke Auswirkung auf die Leistung dieser. Und letztlich ist jeder Vorgesetzte von der Leistungserbringung seiner Nachfolgenden abhängig. Ferner steuert die Motivation auch das beidseitige Wohlbefinden zwischen MA und Vorgesetztem. Die Führungskraft muss zum Wohl des Unternehmens, Entscheidungen innerhalb dem Spannungsfeld zwischen Individualinteressen der einzelnen Stakeholder und dem Organisationsinteresse abwägen und diese entsprechend durchsetzen. Somit ist eine der herausforderndsten Aufgaben von Führungskräften die dauerhafte und nachhaltige Lenkung der Mitarbeitermotivation auf die Unternehmensziele. Idealerweise sollte die Motivation seitens der MA durch die Führungskraft gesteigert werden. Zumindest darf die Motivation der MA nicht durch änderbare Umstände oder durch eigenes Fehlverhalten negativ beeinträchtigt werden.[52]

„Menschen können nur durch menschliche Beweggründe geführt werden".[53] *„Führen heißt vor allem, die Beweggründe der Geführten zu verstehen. Führung ist Motivation. Wir wissen jedoch, daß Leistungen, die durch Eigenmotivation zustande kommen, besonders wertvoll sind".*[54]

Das Loben von guten Leistungen kann als sehr effizienter Motivator bezeichnet werden. Jeder Mensch schätzt ein anerkennendes Wort.[55] *„Wertschätzung motiviert mehr als Geld".*[56] Menschen sind auf Zuwendung von anderen angewiesen. So wie unsere Lungen Sauerstoff zum Überleben benötigen, braucht der Mensch Zuwendung und Bestätigung für sein Wohlbefinden.[57]

Die Arbeits-Motivation von Mitarbeitern wird unter anderem auch durch die Einbindung der MA an den Unternehmenszielen beeinflusst. Durch einen hohen Einbindungsgrad an der Zieldefinition und der Zielerreichung erhalten die MA die Möglichkeit den Sinn in ihrer Aufgabenstellung zu erkennen. Da durch entsteht eine größere Identifikation mit den individuell zu bewältigenden Aufgaben, welche wiederum zur Erreichung des Unternehmensziels beitragen.[58] Durch die Nutzung von Kreativität, Erfahrungen und Ideen der Beschäftigten kann ihre Arbeits-Motivation gesteigert werden. Dieses wirkt sich positiv auf die Arbeitsqualität, Effektivität und die Effizienz aus. Nebenbei wird dadurch das unternehmerisches Denken und Handeln aller Betriebszugehörigen gefördert.[59]

---

[52] Vgl. ebd., S.178-180.

[53] Wollert, „Konzeptionelle Anforderungen an das Personalmanagement der 90er Jahre", S.39.

[54] Ebd., S.40.

[55] Vgl. Neges und Neges, *Führungskraft und Mitarbeiter*, S.50.

[56] Hockling, „Mitarbeiterführung", S.1.

[57] Vgl. Roth, *Mehr Zufriedenheit, bessere Leistung, größerer Gewinn*, S.245.

[58] Vgl. Reinhart Nagel, Margit Oswald, und Rudolf Wimmer, *Das Mitarbeitergespräch als Führungsinstrument: ein Handbuch der OSB für Praktiker* (Stuttgart: Klett-Cotta, 1999), S.35.

[59] Vgl. Sven Hinrichs, *Mitarbeitergespräch und Zielvereinbarung* (Frankfurt am Main: Bund-Verlag, 2009), S.9.

Führungskonzept

Thomas Serrano

Arbeitsmotivation entsteht hauptsächlich durch anspruchsvolle Aufgabenstellungen und interessante Arbeitsinhalte. Der MA muss sich dabei mit seinen Aufgaben identifizieren können. Für die Demotivation vor Mitarbeitern ist dagegen vor allem das Verhalten von Vorgesetzten ausschlaggebend.[60]

Siehe hierzu auch Kapitel Nr. 17 „Abbau von Demotivation".

Aufgabe der Führungskraft ist es, ein positives Arbeitsumfeld zu schaffen, in welchem der MA seine Aufgaben vollumfänglich erfüllen kann. Der direkte Vorgesetzte steht im engen Kontakt zu seinen unterstellten Mitarbeitern. Durch Berücksichtigung der Mitarbeiterbedürfnisse, wird die Motivation der MA sowie ihre Identifikation mit der Organisation gefördert.

Diese Aufgabenstellung ist jedoch sehr umfangreich, denn der Mensch ist ein komplexes Wesen, welches einem stätigen Änderungsprozess unterliegt. Er wird durch seine Erlebnisse und Erfahrungen täglich bereichert. Entsprechend den äußeren Umständen und seiner inneren Bereitschaft reagiert er auf diese Wahrnehmungen.[61]

D. H. der Vorgesetzte sollte einen situativen Führungsstil anwenden. Er muss die Gesamtsituation erkennen und dabei den Reifegrad des Mitarbeiters, die Auftragslage, die wirtschaftliche Situation des Unternehmens, Kundenforderungen, Teameigenheiten usw. in seinen Führungsstil integrieren.

Prinzipiell lässt sich durch die Anwendung des kooperativen Führungsstils eine sehr hohe Einbindung und Mitgestaltung des Mitarbeiters erreichen. Dieses hat wiederum einen positiven Einfluss auf die Arbeitsmotivation.

Zusammenfassend wirken sich folgende Faktoren positiv auf die Motivation von Mitarbeitern aus.

- Identifikation mit der Aufgabenstellung und den Arbeitsinhalten
- Übernahme von Verantwortung
- Einbezug und Einbindung der MA an den Vorhaben, Zielsetzungen, Projekten und den Unternehmenszielen (Mitgestaltung)
- Gegenseitiger Respekt und Wertschätzung
- Fairness
- Klarheit und Transparenz

[60] Vgl. Thomas Hochgeschurtz, „Diese 5 Faktoren motivieren Mitarbeiter wirklich", *Management Circle*, 9. Januar 2016, http://www.management-circle.de/blog/gastbeitrag-diese-5-faktoren-motivieren-mitarbeiter-wirklich/.

[61] Vgl. Gaston Cuendet, „Motivierung zur Arbeit - als Ziel transformationaler Führung", in *Betriebswirtschaftslehre als Management- und Führungslehre*, hg. von Rolf Wunderer, 2. Aufl. (Stuttgart: Poeschel, 1988), S.327-328.

19. Motivierende Gesprächsführung

Eine weitere Variante zur Entwicklung der Eigenmotivation von Mitarbeitern findet sich in der motivierenden Gesprächsführung. Mit diesen sechs gezielten Fragen können sie die Eigenmotivation von Menschen herauskitzeln.

- „*Welche Gründe könnte es für Sie geben, sich zu ändern (bzw. das gewünschte Ziel zu erreichen)?*" [62]

- „*Wie groß ist Ihre Bereitschaft, sich zu ändern, auf einer Skala von 1 (überhaupt nicht bereit) bis 10 (vollkommen bereit)?*" [63]

- „*Warum haben Sie keine niedrigere Zahl gewählt?*" [64]

- „*Stellen Sie sich vor, Sie hätten sich bereits verändert (bzw. das Ziel schon erreicht): Was wären die positiven Ergebnisse für Sie?*" [65]

- „*Warum sind diese Ergebnisse für Sie wichtig?*" [66]

- „*Was ist – wenn überhaupt – der nächste Schritt?*" [67]

Beispiel: Ein MA kommt regelmäßig zu spät. Der Chef ist schon richtig genervt und würde normalerweise jetzt den Druck erhöhen. Bei der motivierenden Gesprächsführung nimmt man hingegen den Druck heraus. Der Vorgesetzte schildert was er wahrgenommen hat und fragt den MA: Welchen Grund könnte es für Sie geben, in Zukunft pünktlich zu sein? Vielleicht lautet die Antwort: Ich möchte meinen Job nicht verlieren, weil ich für meine Kinder ein Vorbild sein möchte. Oder: Es ist mir wichtig, für meine Familie das Einkommen zu sichern. Auf die zweite Frage folgt als Antwort vielleicht eine vier oder fünf innerhalb der Skalenbewertung. Hieran wird mit der Frage angeknüpft: Warum haben Sie keine niedrigere Zahl gewählt? Das ist überraschend, man würde eher die Frage erwarten, warum die Motivation nicht höher ist, was wieder zum Argumentieren und Appellieren führen würde. Stattdessen muss sich der MA über seinen eigenen inneren Antrieb klar werden. Mit der nächsten Frage soll sich der MA in die Zukunft versetzen: Nehmen wir mal an, sie wären immer pünktlich, wie würde sich das dann für sie anfühlen? So stellt man eine Verbindung zwischen Verstand und Gefühlen her, was bei den meisten Menschen die Bereitschaft zu handeln erhöht. Die fünfte Frage bohrt noch tiefer nach den persönlichen Gründen: Warum sind diese Ergebnisse wichtig für Sie? Es lohnt sich, dabei nicht zu schnell aufzugeben und nachzuhaken. Wenn Sie nun eine Bereitschaft zur Veränderung spüren, setzt die letzte Frage an: Was ist der nächste Schritt? [68]

---

[62] Stephan Kowalski, „Motivierende Gesprächsführung", *Impulse*, 13. August 2018, https://www.impulse.de/ management/personalfuehrung/motivierende-gespraechsfuehrung.
[63] Ebd.
[64] Ebd.
[65] Ebd.
[66] Ebd.
[67] Ebd.
[68] Vgl. ebd.

20. Motivation vs. Arbeitszufriedenheit

Zufriedenheit bedeutet die Erfüllung von individuellen Bedürfnissen. Sie tritt ein, wenn Erwartungen erfüllt oder übertroffen werden. Bei Nichterfüllung erfolgt hingegen oftmals Unzufriedenheit. Das Thema der Arbeitszufriedenheit wurde in der Psychologie gut erforscht. Wobei der Begriff Arbeitszufriedenheit dabei in direkten Zusammenhang mit der aktuellen Arbeit oder der Arbeitssituation gebracht wird.

Eine weitverbreitete Ansicht ist, dass eine höhere Arbeitszufriedenheit auch zu einer höheren Identifikation mit den Unternehmenszielen und zur Leistungssteigerung führt. Ein kausaler Zusammenhang zwischen Zufriedenheit und Leistung konnte von der Wissenschaft bisher noch nicht nachgewiesen werden. Als gesichertes Wissen gilt jedoch, dass das Leistungsergebnis durch Anreize und persönliches Wollen und Können beeinflusst werden.[69]

21. Zweifaktoren-Theorie von Herzberg

Im beruflichen Alltag, begegnen dem Menschen eine Reihe von Anreizen. Welche ihm die Befriedigung seiner persönlichen Bedürfnisse versprechen. Dieses wiederum führt zu Handlungen und Aktivitäten von Personen. Die Anreize lassen sich dabei in Stabilisatoren und Motivatoren unterteilen. Die Stabilisatoren verlieren bei dauerhafter Anwesenheit ihre positive Wirkung. Führen aber bei Nichterfüllung zu Unzufriedenheit. Die Motivatoren werden hingegen vom Menschen selber generiert und behalten auch bei dauerhafter Anwesenheit ihr positives Aktivierungspotenzial.[70]

Durch empirische Studien ist es Herzberg gelungen, die Bedingungen der Arbeitszufriedenheit zu ermitteln. Nach seiner Theorie wird die Arbeitszufriedenheit in zwei Typen von Faktoren unterschieden. Die Motivatoren, welche die Leistungsbereitschaft und die Zufriedenheit fördern. Diese setzen sich aus Leistung, Anerkennung, Verantwortung, Erfolg, persönlicher Entfaltung usw. zusammen. Die zweite Kategorie sind die Hygienefaktoren, welche sich bei Nichterfüllung negativ auf die Motivation auswirken. Hierzu gehören die Arbeitsbedingungen, Entlohnung, Gerechtigkeit, Sicherheit usw. Eine Erfüllung der Hygienefaktoren führt nicht automatisch zur Motivationssteigerung. Eine Nichterfüllung aber unmittelbar zur Demotivation der MA.[71] Nur die Motivatoren sind im Stande eine Motivation beim MA aufzubauen und diesen zu guten Arbeitsleistungen anzuspornen. Laut Herzberg befinden sich die wirkungsvollsten Antreiber für die Arbeitsmotivation in einer interessanten und stimulierenden Tätigkeit selber.[72]

---

[69] Vgl. Hentze u. a., *Personalführungslehre*, S.157.
[70] Vgl. Ekkehard Crisand, *Psychologische Grundlagen im Führungsprozess*, Arbeitshefte Führungspsychologie Bd. 19 (Heidelberg: I.H. Sauer-Verlag, 1993), S.23-24.
[71] Vgl. Swetlana Franken, *Verhaltensorientierte Führung Handeln, Lernen und Ethik in Unternehmen*, 2. Aufl. (Wiesbaden: Gabler, 2007), S.92.
[72] Vgl. Thommen und Achleitner, *Allgemeine Betriebswirtschaftslehre*, S.770-771.

22. Leadership

Für die Wahrnehmung der Arbeitsaufgaben ist auch der Reifegrad der MA ausschlaggebend. Jeder Mensch ist ein Individuum und somit in seinem Wesen anders. Dadurch bringt er auch einen anderen Mehrwert ins Team ein. Die Führungskraft muss den entsprechenden Reifegrad des Mitarbeiters erkennen und diesen bei der Zuweisung der Aufgaben berücksichtigen.

Die nachfolgende Abb. verdeutlicht die Aufgabenstellung im Leadership mit einer Unterteilung in Führungsaufgaben und Coaching-Anteil.

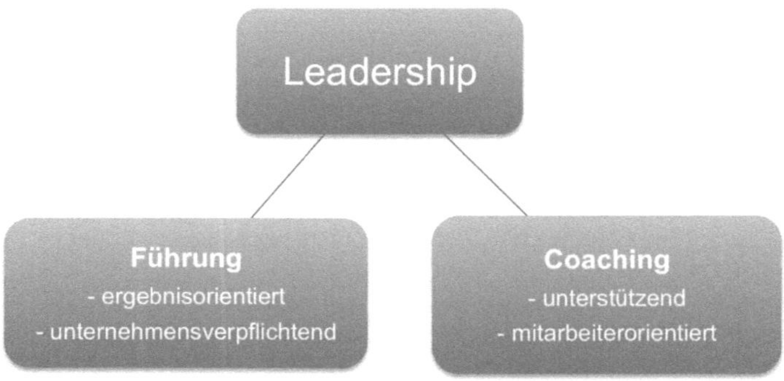

Abb. 8: Leadership
Quelle: Eigene Darstellung

Die Anforderungen an die Führungskraft verteilen sich somit in zwei unterschiedliche Aufgabenstellungen. Auf der einen Seite steht die Führung, welche zahlengetrieben agiert und auf Zahlen, Daten und Fakten basiert. In der Regel sind hierbei erbrachte Führungsergebnisse, durch den Abgleich von Kennzahlen und Vorgaben, leicht überprüfbar. Um Veränderungen zu erzielt, kann dann entsprechend mit Korrekturmaßnahmen eingegriffen werden.

Die zweite Aufgabe liegt in einer ziel- und unternehmensausgerichteten Mitarbeiterentwicklung. Dieser Aufgabenstellung widmet sich die Führungskraft durch Coaching der MA. Jedoch ist der Aufgabenteil schwieriger messbar, da Erfolge nicht immer unmittelbar sichtbar sind. Auch wenn sich Erfolge nicht sofort aufzeigen, darf der Vorgesetzte nicht verzweifeln. Denn das Coaching verfügt über eine nachhaltige Wirkung beim MA und befähigt diesen, sich bei der Ausübung seiner Aufgaben zu verbessern.

Ein guter Vorgesetzter muss beide Anforderungsprofile gleichermaßen abdecken. Durch diese beiden Aufgabenstellungen steigt der Anspruch an die Führungskraft und verlangt einen hohen Anteil an Empathie.

23. Voraussetzung für erfolgreiche Teamarbeit

Damit Teams erfolgreich zusammenarbeiten können, müssen entsprechende Strukturen geschaffen werden. Die nachfolgende Abbildung zeigt einen möglichen Strukturaufbau, mit den benötigten Teamvoraussetzungen für eine erfolgreiche Zusammenarbeit.

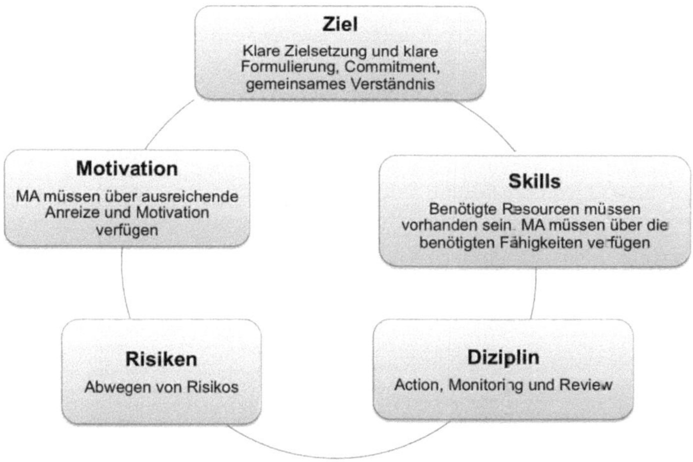

Abb. 9: Erfolgsvoraussetzungen für Teamarbeit
Quelle: Eigene Darstellung

Im Team müssen die Spielregeln vereinbart werden. Z. B. via welchen Tools und Medien wird kommuniziert? Was wird kommuniziert und an wen werden die Nachrichten versendet? Wer wird alles involviert? Bis wann wird eine Antwort erwartet? Innerhalb welchem Zeitrahmen bin ich verfügbar und erreichbar?

Möglichkeiten von Kommunikationsmedien können z. B. sein:

- Telefon (persönlich, direkt)
- Whats App für dringende Themen (kurz und bündig)
- Telegram Messenger zur Übermittlung von vertraulichen Nachrichten
- E-Mail für klassische Themen und Aufgabenstellungen

Der Aufbau einer einheitlichen Meeting-Struktur verhilft den Mitarbeitern einen klaren Rahmen vorzugeben (siehe Meeting-Struktur Kapitel 36). Meetings können z. B. unterteilt werden in:

- Informationsmeeting (dient dem Austausch von Informationen)
- Projektmeetings (projektbezogen)
- Coaching (Ausbildungs- und MA bezogen)

Führungskonzept

Thomas Serrano

24. Wie bringe ich Menschen dazu mir zu folgen?

Zu Beginn ist es entscheidend, sich ein klares Bild der Sachlage zu verschaffen. Anschließend folgt die Entscheidungsfindung. Durch die Anwendung des kooperativen Führungsstils und einer aktiven Einbindung der MA an den Aufgabenstellungen, gelingt es mir Menschen zu Höchstleistungen zu motivieren. Eine klare, transparente und gerechte Führung zeichnen mich dabei aus. Gleichberechtigung und Gleichbehandlung aller Beteiligten ist mir hierbei ein besonderes Anliegen. Dieses habe ich innerhalb meiner Aufgabenstellung als Produktionsleiter bereits erfolgreich umsetzen können.

„Es kommt nicht so sehr darauf an, wie der Wind weht, sondern wie man die Segel setzt." (Sokrates)

Als Führungskraft ist es entscheidend, dass wir uns auf dem richtigen Weg befinden. Um Klarheit zu finden verhelfen mir persönlich dabei folgende Fragen.

Tätigkeitsanalyse:
Tue ich noch das Richtige? Trägt mein Handeln zum Unternehmenserfolg bei?

Tagesbilanz:
Haben mir meine heutigen Tätigkeiten Freude bereitet?
Was will ich morgen besser machen?

Weiterfolgende Überlegungen:

- Verlange von dir selbst mehr, als was von dir erwartet wird.
Die meisten MA gehen für Ihren Chef durchs Feuer, falls er vorangeht. Menschen benötigen Vorbilder und wollen stolz auf Ihren Arbeitgeber sein. Warum? Ganz einfach, eigentlich sind sie dann auch auf sich selber stolz.

- Traue deinem MA etwas mehr zu
Einer der häufigsten Führungsfehler ist, Menschen zu unterschätzen. Vertrauen beflügelt zu Höchstleistungen.

- Schenke deinem MA persönliche Anteilnahme
Menschen wollen nicht nur als Leistungserbringer wahrgenommen werden. Sie haben auch emotionelle Bedürfnisse und möchten, dass diese erfüllt werden.

- Dem MA dabei helfen, ein Bild über sich selbst zu entwickeln
Was ist Ihnen in letzter Zeit besonders gut gelungen?
An welchen Aufgaben hatten Sie am meisten Spaß? Und warum?
Auf welche Erfolge sind Sie besonders stolz?

Fazit:
Ein Arbeitsklima schaffen, in welchem sich alle mit einer gewissen Leidenschaft und mit Begeisterung für die Unternehmensziele einsetzten. Weil es einfach Spaß macht und die Mühe wert ist.

25. Gleiches Bild (Sichtweise) schaffen

Abb. 10: Unterschiedliche Sichtweisen
Quelle: Unbekannt

Führungskonzept

Thomas Serrano

Abb. 11: Unterschiedliche Sichtweisen (Hase oder Ente)
Quelle: [73]

Abb. 12: Unterschiedliche Sichtweisen (Recht haben beide)
Quelle: Unbekannt

Beide haben Recht, aber unterschiedliche Sicht- oder Betrachtungsweisen.

Konflikte entstehen meistens aus unterschiedlicher Wahrnehmung. Eine gute Lösungsstrategie ist, sich in die Situation (Sichtweise) des anderen zu versetzen und die Situation aus seiner Perspektive zu betrachten. Im Anschluss wird dann die Situation zusammen besprochen. Gemeinsamkeiten werden aufgezeigt und es wird ein Lösungsweg gesucht.

---

[73] Amy Krouse Rosenthal, Tom Lichtenheld, und Harald Kiesel, Hrsg., *Ente! Hase!* (Köln: Baumhaus-Verl, 2010).

26. Überzeugung und Verhaltensbeeinflussung

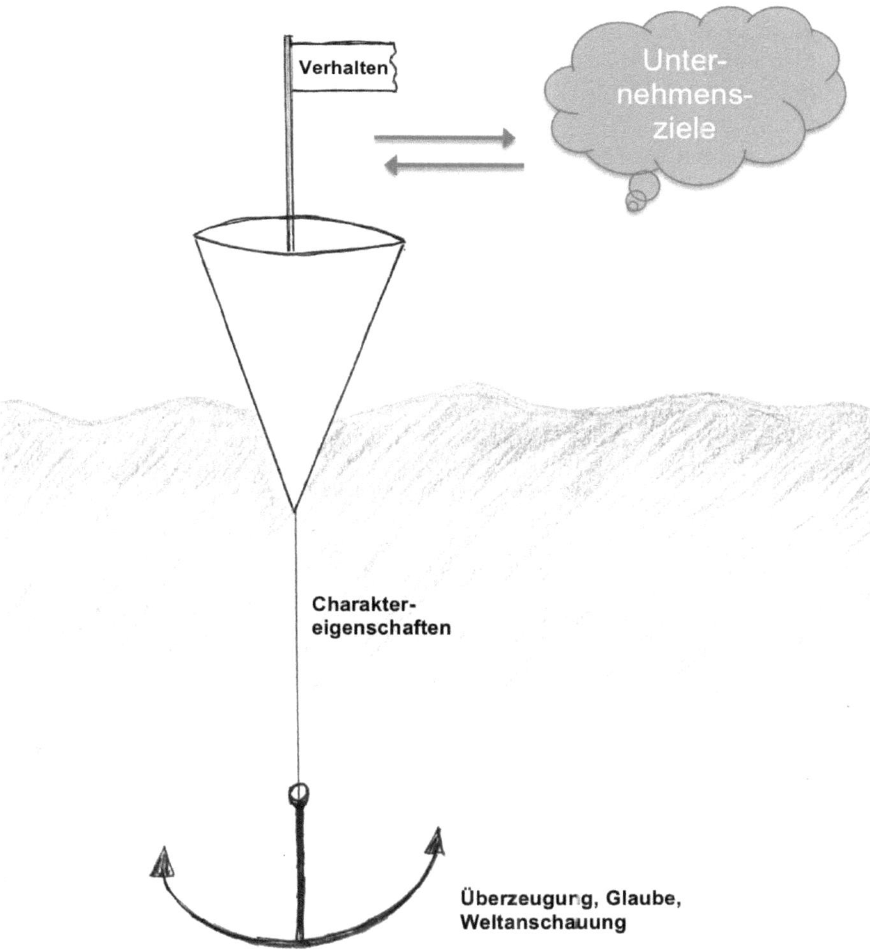

Abb. 13: Conviction - Behavior
Quelle: Eigene Darstellung

Wie kann das Verhalten vom MA positiv beeinflusst werden?

Eine Verhaltensänderung kann nur durch Überzeugung erfolgen. Wenn die Aktivitäten der Führungskraft, sich nur an der Boje (Verhalten vom MA) orientieren und nur das Verhalten versucht wird zu beeinflussen, wird der MA sein Verhalten auch nur solange anpassen, wie die Führungskraft an der Boje zieht. Sobald der Druck (Zug) nachlässt, geht die Boje (das Verhalten des MA) wieder in seine ursprüngliche Position zurück.
Die Weltanschauung und der Glaube des Mitarbeiters haben sich dadurch nicht verändert.

Merke: Ein guter Weg zur Überzeugung und zur positiven Verhaltensbeeinflussung leitet sich ab von: **Vorbild – Einsicht – Konsequenz**

Vorbild: Dass wir stets wirken, haben wir bereits in Kapitel 3 erfahren. Gerade als Führungskraft stehen wir seitens der MA unter ständiger Beobachtung. Unser Verhalten wird von den MA gesehen und diese adaptieren dann unser Verhalten. Wenn wir nun, aus Sicht unserer MA, ein negatives Verhalten an den Tag legen, was lernen unsere MA dann daraus? Und wie werden sie sich wohl verhalten?
Nur wer stetig eigenes positives Verhalten vorlebt, kann auch positives Verhalten von seinen Mitarbeitern erwarten.

Einsicht: Entsteht durch positive Überzeugung und nachvollziehbarer Argumentation.

Konsequenz: Konsequentes Verhalten gibt uns klare Spielregen und ein gemeinsames Werteverständnis.

27. Gemeinsame Werte definieren

Findung gemeinsamer Werte durch einen Workshop

In Form eines Brain-Stroming, nennen alle Teammitglieder die ihnen persönlich wichtigen Werte. Diese werden auf einem Flip-Chat notiert. Im Anschluss einigt man sich, durch eine Punkteverteilung, auf die „z. B. drei“ wichtigsten Werte. Diese Werte werden dann für alle Beteiligten als Verhaltensspielregel manifestiert.

Dann folgt an alle Teilnehmer die Fragestellung: Was ist Dein persönlicher Beitrag dazu, dass diese Werte künftig eingehalten werden.

28. Erwartungen formulieren

Jeder Mensch möchte gerne wissen, welche Erwartungen an ihn gestellt werden. Dieses gilt im privaten Alltag gleichermaßen wie in der Berufswelt. Daher müssen Vorgesetzte die Erwartungen, welche sie an Ihre MA stellen, klar und präzise formulieren.

Eine gute Übung zum Abgleich von gegenseitigen Erwartungshaltungen ist:

Schreibe, für dich selbst ca. 5 bis 8 Erwartungen auf, welche Du an deine MA stellst. Im Gegenzug lasse deine MA aufschreiben, was sie denken, welches die an sie gestellten Erwartungen sind. Im Anschluss werden dann die gegenseitigen Erwartungshaltungen miteinander verglichen und besprochen.

29. Leistungsbewertung

„Die Leistungsbeurteilung umfasst die Beurteilung der vergangenheitsbezogenen Ist-Leistung, d. h. sie beurteilt bereits erbrachte Leistungen. Der Übereinstimmungsgrad von Ist- und Soll-Ergebnis wird dabei als Indikator für die Leistung bzw. den Erfolg von Mitarbeitern gewertet. Voraussetzung für die Beurteilung ist, dass der Mitarbeiter die Leistungen selbst beeinflussen kann und die Leistungen durch den Beurteiler bewertbar sind“.[74]

Die Schwierigkeiten von Leistungsbewertungen ergeben sich zum einen bei der Bestimmung der Bezugsgrößen, auf welche sich die Bewertung bezieht. Zum anderen bei der Messung des Leistungsbeitrages, des zu beurteilenden Mitarbeiters, im Bezug auf das zu bewertende Merkmal. Eine eindeutige Beurteilung der Leistungserbringung ist nur gegeben, wenn quantitative Größen wie Menge und Zeit betrachtet werden. Diese müssen im Vorfeld definiert, festgelegt und gewichtet werden.[75]

Zur Beurteilung der Leistung ist nicht nur das Leistungsergebnis, sondern auch das Leistungsverhalten ausschlaggebend. Das Leistungsverhalten beschreibt dabei die Art und Weise mit welcher das Leistungsergebnis erzielt wurde sowie das Verhalten des Mitarbeiters in der Arbeitsgruppe. Die Verhaltensweise des Mitarbeiters kann sich sowohl positiv (motivierend) als auch negativ (demotivierend) auf die Gesamtleistung der Gruppe auswirken. Somit bildet das Verhalten einen wichtigen Aspekt in der Leistungsbeurteilung. Das Leistungsverhalten und dass daraus resultierende Ergebnis setzt sich aus der Leistungsbereitschaft und der Leistungsfähigkeit des Mitarbeiters zusammen (z. B. Ausbildung, Eignung und Erfahrung). Unterschiedliche Leistungsanreize und die Motivstruktur des Mitarbeiters beeinflussen die Höhe der Leistungsbereitschaft.[76]

---

[74] Elmar Grimm, „Personalbeurteilung“, *Online-Lehrbuch-BWL*, 1. August 2005, S.2, http://www.online-lehrbuch-bwl.de/lehrbuch/kap4/p_beurt.htm.
[75] Vgl. Thommen und Achleitner, *Allgemeine Betriebswirtschaftslehre*, S.786-787.
[76] Vgl. Grimm, „Personalbeurteilung“, S.3.

Führungskonzept
Thomas Serrano

Menschen wissen, dass sie ein Recht haben Fehler zu machen und die Plicht, daraus zu lernen. Bei Fehlverhalten wir ein Tadel so selbstverständlich erwartet, wie ein Lob für gute Leistung. Bleibt dieses aus, wird es allgemein als Führungsschwäche empfunden.

Eine gute Führungskraft verhilft seinen Mitarbeitern ein Verständnis zu generieren, dass negative Ergebnis zu missbilligen sind und das der MA nicht in Rechtfertigungen verharrt.

Die nachfolgende Abbildung zeigt die Determinanten der Leistung.

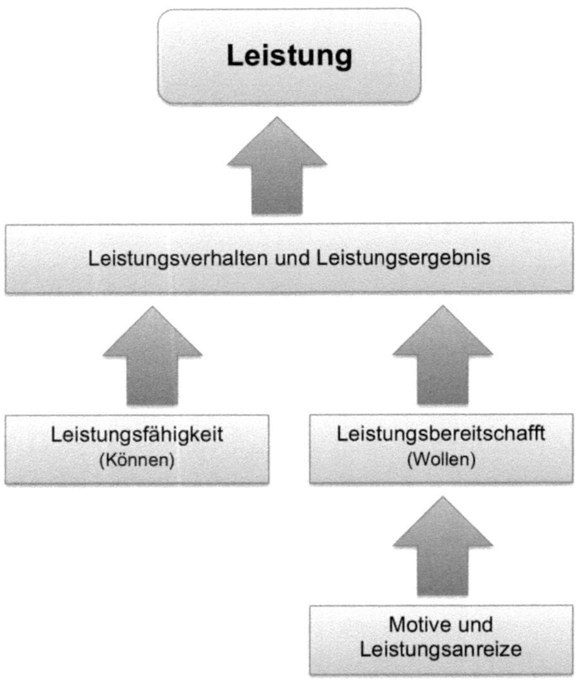

Abb. 14: Determinanten der Leistung
Quelle: [77]

[77] Ebd.

30. Coaching in der Umsetzung

Menschen welche gute Resultate erzielen, sind in der Regel mit sich selber zufrieden. Zufriedene Menschen erbringen wiederum gute Resultate.

Beinahe jeder Mensch möchte gute Leistung erbringen und dafür Anerkennung erfahren. Oftmals ist ihm dieses aber nicht möglich. Entweder er verhindert es selber, teilweise ohne sich dessen bewusst zu sein. Oder aber äußere Faktoren beeinflussen seine Leistung. Als Führungskraft müssen wir in der Leistungsbewertung unterscheiden, zwischen:

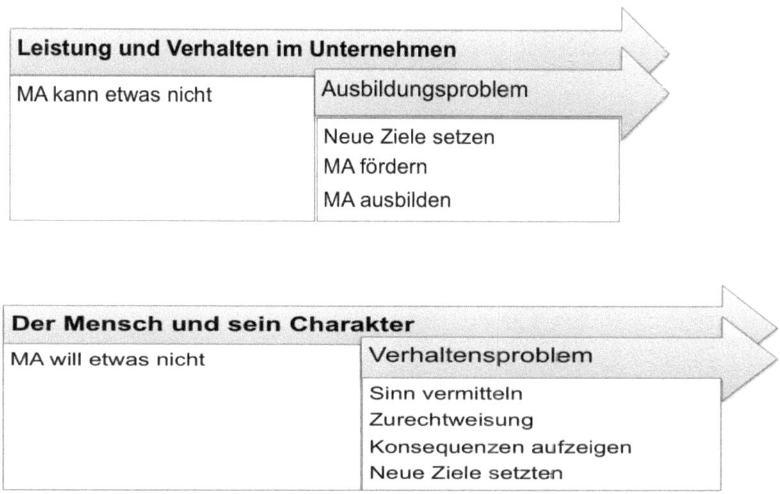

Abb. 15: Beurteilung bei Minderleistung
Quelle: Eigene Darstellung

Es erfolgt die Situationseinschätzung mit einer Analyse, welche Situation beim MA vorliegt. Entsprechend der Analyseergebnisse wird dann das Führungscoaching ausgerichtet.

Beim Ausbildungsproblem ist dem MA zu Erklären, was zu tun ist. Dann erfolgt die Anleitung, wie es ausgeführt werden soll. Im Anschluss den MA dann versuchen und ausführen lassen. Beobachtung und ggf. Korrektur- und Hilfestellung erfolgen durch den Vorgesetzten. Dabei Lob für Fortschritte und Erfolge nicht vergessen.

Das Verhaltensproblem verdeutlicht ein Handlungsbedarf im Bereich Feedback und Konsequenz. Es ist Aufgabe der Führungskraft den MA wieder auf Kurs zu bringen. Dem MA müssen die Konsequenzen seiner Handlungen verdeutlicht und aufgezeigt werden.

Wichtig: Entschiedene Konsequenzen müssen dann auch zwingend umgesetzt werden.

Führungskonzept

Thomas Serrano

31. Feedback geben

„Menschen brauchen Rückmeldungen, um sich sicher und gut auf Kurs zu fühlen und sich weiterzuentwickeln. Sie wollen gute Arbeit leisten“.[78] Die Vorgesetztenbeurteilung ist dabei eine systematische Einschätzung des Miterbeiterverhaltens aus dem Betrachtungswinkel des Vorgesetzten.[79] *„Vor der Beurteilung eins Mitarbeiters muss selbstverständlich gründlich beobachtet und dokumentiert werden“.*[80] Für den MA müssen die Beurteilungskriterien dabei klar, transparent und verständlich sein. Ferner soll die Anerkennung für gute Leistung oder die Kritik bei Fehlverhalten zeitnahe erfolgen. Zu einem fairen Beurteilungssystem gehört eine kontinuierliche Rückmeldung von erbrachten Leistungen.

Das Anbringen von Kritik ist als Führungsmittel notwendig und sinnvoll. Entscheidend ist, dass die Kritik konstruktiv formuliert und transportiert wird. Kritik soll den Menschen nicht erniedrigen, sondern ihm als Hilfestellung zur Bewältigung seiner Aufgaben dienen. Konstruktive Kritik verdeutlicht unterschiedliche Standpunkte und sucht nach optimalen Lösungsansätzen.[81]

Während dem Gespräch wird die Führungskraft, durch Erteilung des Feedbacks, unweigerlich selbst zum Thema und somit zum Bestandteil des Geschehens. Beim Gesprächsverlauf ist es für den Vorgesetzten wichtig darauf zu achten, dass von ihm nur rein sachliche Rückmeldungen an den MA übermittelt werden. Von gegenseitigen Schuldzuweisungen ist zwingend abzuraten.[82]

Eine gute Möglichkeit zum Abgleich vom persönlichem Eigen- und Fremdbild ist, sich die Meinung von Mitmenschen einzuholen.

Laden sie daher Ihre MA dazu ein, ihnen Feedback zu geben. Der Feedbackgeber wird während seiner Ausführungen dabei nicht unterbrochen. Im Anschluss bedanken sie sich für die Rückmeldung. Das gilt auch wenn Sie sich angegriffen oder verletzt fühlen. Bleiben sie immer sachlich und verteidigen sie nicht Ihren Standpunkt. Nehmen sie das Feedback an und nehmen sie die Beobachtungen und die Gefühle Ihres Gegenübers ernst. Sehen sie das Feedback als Chance um einen positiven Einfluss auf Ihre persönliche Entwicklung nehmen zu können.

Eine Feedback-Kultur muss wachsen und benötigt gegenseitiges Vertrauen und die Wertschätzung des Gegenübers.

---

[78] Sandra Cortivo, „Mitarbeitergespräch ohne Floskeln“, *Journal bso Nr. 3/2014 Mitarbeitergespräche: Pflicht oder Kür?* (25. August 2014): S.8.

[79] Vgl. Weibler u. a., *Personalführung*, S.424.

[80] Loffing, *Mitarbeiter richtig führen*, S.112.

[81] Vgl. ebd., S.119.

[82] Vgl. Nagel, Oswald, und Wimmer, *Das Mitarbeitergespräch als Führungsinstrument: ein Handbuch der OSB für Praktiker*, S.67.

Führungskonzept

Thomas Serrano

32. Das Mitarbeitergespräch

Das Mitarbeitergespräch (MAG) hat sich heute als Führungstool im Unternehmen etabliert. Das Grundbekenntnis beruht dabei auf der Überzeugung, dass die Aufgabenstellungen des Unternehmens nur partnerschaftlich und mit gegenseitiger Wertschätzung und Achtung gelöst werden können. Das Gespräch zwischen Vorgesetztem und MA schafft dabei eine wesentliche Basis zur erfolgreichen und zielorientierten Zusammenarbeit.[83]

Im Rahmen der Personalentwicklung ist das MAG ein wesentliches Instrument um die gegenseitigen Erwartungshaltungen von Arbeitgeber und Arbeitnehmer abzugleichen.

Dabei regeln Mitarbeitergespräche die Kernfrage der Zusammenarbeit und gelten als eines der wichtigsten Führungsinstrumente. Es fördert die Verbesserung der Dialogkultur im Unternehmen und wirkt als Bindeglied zwischen den strategischen Unternehmenszielen und den operativen Abteilungszielen. Das MAG muss in die Unternehmenskultur eingebunden sein. Es darf nicht isoliert und alleinig im Raum stehen. Eine nutzen- und zielbringende Umsetzung ist nur möglich, wenn das Instrument mit der Führungs- Kommunikations- und der Unternehmenskultur im Einklang steht.

Die meisten Gespräche welche im Berufsalltag zwischen Vorgesetzten und MA stattfinden, entstehen aus konkreten Anlässen und handeln von sachbezogenen Tagesthemen. Im Unterschied hierzu steht das MAG, welches geplant und strukturiert stattfindet und als zusätzliches Gespräch und Führungstool anzusehen ist.[84] Das MAG wird mit Abstand zum Tagesgeschehen geführt und geht über die Alltagskommunikation hinaus. Es besteht aus einer Rückschau, welche eine Bilanz der erbrachten Leistung des Mitarbeiters und der Art der geleisteten Zusammenarbeit enthält. Im zweiten Teil des Gespräches werden in der Vorschau, die Ziele der künftigen Kooperation, Erwartungen, Entwicklungsperspektiven und gegebenenfalls Unterstützungsmaßnahmen für den MA vereinbart.[85]

Das MAG ist von reinen Leistungs- und Mitarbeiterbeurteilungen deutlich abzugrenzen. Der Fokus des Mitarbeitergespräches liegt auf Kommunikation, Motivation, und der Entwicklung des Mitarbeiters sowie der Kontaktpflege zwischen MA und Vorgesetztem. [86]

Ohne Kommunikation ist eine erfolgreiche Zusammenarbeit nicht möglich. Menschen benötigen Gespräche, verbunden mit Wertschätzung und Rückmeldungen im Bezug auf die erbrachte Leistung.

---

[83] Vgl. Hossiep, Bittner, und Berndt, *Mitarbeitergespräche*, S.93.

[84] Vgl. Walter Buchacher und Josef Wimmer, *Das Führungsseminar: Werkzeuge für den Führungsalltag in Wort und Bild* (Wien: Linde, 2008), S.170.

[85] Vgl. Nagel, Oswald, und Wimmer, *Das Mitarbeitergespräch als Führungsinstrument: ein Handbuch der OSB für Praktiker*, S.13-15.

[86] Vgl. Hossiep, Bittner, und Berndt, *Mitarbeitergespräche*, S.5.

33. Zielvereinbarungen im Mitarbeitergespräch

Das MAG bildet einen hervorragenden Rahmen zum Abgleich von vereinbarten Zielsetzungen. Die erwarteten Ergebnisse sollten dabei vom Vorgesetzten konkret erläutert und gemeinsam besprochen werden. Die vereinbarten Ziele müssen für den MA messbar, nachvollziehbar, zeitlich definiert und erreichbar sein. Hierbei ist der Einfluss, den der MA persönlich auf die Zielerreichung nehmen kann von größter Bedeutung. Es müssen auch die Faktoren berücksichtigt werden, welche außerhalb des Einflussbereiches vom MA liegen. Denn die nicht vom MA beinflussbaren äußeren Umstande müssen bei der Zielfindung berücksichtigt werden. Damit sich der MA mit der Zielsetzung identifizieren kann, sollte eine einvernehmliche Zielvereinbarung zustande kommen.

Häufig nehmen Zielvereinbarungen und die Überprüfung von Zielerreichung einen Großteil des zeitlichen Rahmens, der durchgeführten Mitarbeitergesprächen ein. Allerdings sollten diese gegenüber den anderen Gesprächspunkten nicht überbewertet werden. Ein stures verharren an Zielvereinbarungen kann dazu führen, dass der MA sich mit seinen Äußerungen zurückhält und auf die Ansprache von Problemen und seinem Feedback gegenüber dem Vorgesetzten verzichtet.[87]

Mir persönlich ist die kontinuierliche Rückmeldung von erbrachten Leistungen sehr wichtig. Denn für den MA ist es nicht nachvollziehbar, wenn unterhalb des Jahres kaum oder sogar keine Gespräche stattgefunden haben und am Jahresende die geballte Ladung von Zielerfüllungen erfolgt. Besonders bei Nichterfüllung sinkt die Akzeptanz seitens des Mitarbeiters dann schlagartig gegen null. Deshalb ist es unerlässlich auch unter dem Jahr dem MA Zwischenfeedbacks zu geben. Nur dann macht das MAG Sinn und generiert einen Motivationsbeitrag.

34. Motivation im Bezug auf das Mitarbeitergespräch

Für das MAG ist die Betrachtung der Motivation insofern von Belangen, dass die Führungskraft motivationsrelevante Aspekte der Tätigkeit im Gesprächsverlauf hervorhebt. Auf diese Weise wird der MA für gemeinsame Anliegen gewonnen. Das Feedback bildet dabei einen besonders wichtigen Teil des Kommunikationsprozesses. Durch den gezielten Einsatz von Anreizen kann der Vorgesetzte versuchen, vorhandene Leistungsmotive beim MA zu aktivieren.[88] Die persönliche Prägung und Wertehaltung des Vorgesetzten werden dabei schnell zum Bestandteil des Gespräches. Vom Gesprächsführer wird deshalb ein positives Menschenbild, eine positive Einstellung, sowie die Fähigkeit mit Geführten umzugehen, abverlangt. Durch die Erteilung von Lob und Anerkennung bei guter Leistung, kann dieses für den MA nicht nur richtungsweisend sondern auch motivierend wirken.[89]

---

[87] Vgl. ebd., S.52.
[88] Vgl. ebd., S.26-27.
[89] Vgl. Cortivo, „Mitarbeitergespräch ohne Floskeln“, S.7-8.

35. Kommunikation

„Kommunizieren ist ein grundlegendes Bedürfnis des Menschen, ohne das ein gesellschaftliches Leben nicht vorstellbar ist. Mithilfe der Kommunikation werden beispielsweise Gedanken ausgetauscht, Anliegen besprochen, Entscheidungen getroffen, neue Erkenntnisse gewonnen oder Probleme gelöst. Im Unterschied zum Monolog treten Menschen durch die Kommunikation miteinander in Beziehung und richten ihre Botschaften an einen bestimmten Personen- bzw. Empfängerkreis“.[90]

„Kommunikation ist generell die wichtigste Form der Einwirkung auf andere Menschen“.[91] Aus diesem Grund ist für viele Führungspraktiker die Kommunikation das wichtigste Führungstool. Kommunikation wird somit auch als Schmiermittel in der Zusammenarbeit mit Menschen verstanden.[92] *„Kommunikation ist der Austausch von Informationen zwischen Menschen“.*[93]

Grundsätzlich findet Kommunikation auf unterschiedlichen Ebenen statt. Die sachliche und die emotionale Ebene ist dabei von besonderer Bedeutung. Die Sachebene vermittelt im Gesprächsverlauf die inhaltliche Themenbehandlung. Die Haltung, den emotionalen Zustand und die Einstellung der Gesprächsteilnehmer kommen in Form von Gefühlen zum Ausdruck. Dieser emotionale, häufig unbewusste Bereich, bildet die zweite Ebene der Kommunikation. Die emotionale Ebene wird auch Beziehungsebene genannt. Der Beziehungsebene ist eine besonders hohe Bedeutung zuzumessen, da diese auch die sachliche Ebene entscheidend beeinflusst und prägt. In jedem Gespräch finden wir beide Seiten mit unterschiedlich starker Ausprägung.[94]

Der Verlauf von Gesprächen ist im Vorfeld nicht immer präzise bestimmbar und verläuft teilweise anders als geplant. Eine gute Vorbereitung und die Verwendung von Kommunikationstechniken erhöhen die Wahrscheinlichkeit, eines erfolgreichen Gesprächsverlaufes.[95] Hierzu gehört, dass die Gesprächsteilnehmer ihre wahrhaftige Meinung offen und klar vertreten dürfen. Eine lebhafte Feedback-Kultur, in welcher sich die am Gespräch beteiligten Menschen positiv betrachten. Die Ideen und Äußerungen der Gesprächspartner werden mit Achtung und Wertschätzung betrachtet und der Gesprächsverlauf ist von Offenheit und Toleranz geprägt.[96] Gute Gesprächsverläufe sind gekennzeichnet durch: Vertrauen, aktives Zuhören, Nachfragen, zugewandter Körpersprache, ausreichendem Zeitrahmen, einer angenehmen Umgebung und ohne Störungen von außen.[97]

---

[90] Brigitte Winkler und Helmut Hofbauer, *Das Mitarbeitergespräch als Führungsinstrument: Handbuch für Führungskräfte und Personalverantwortliche*, 4. Aufl. (München: Hanser, 2010), S.216.

[91] Weibler u. a., *Personalführung*, S.398.

[92] Vgl. ebd.

[93] Klaus Olfert und Horst-Joachim Rahn, *Lexikon der Betriebswirtschaftslehre*, 4. Aufl., Kompendium der praktischen Betriebswirtschaft (Ludwigshafen (Rhein): Kiehl, 2001), S.491.

[94] Vgl. Winkler und Hofbauer, *Das Mitarbeitergespräch als Führungsinstrument*, S.220-221.

[95] Vgl. Jochem Kießling-Sonntag, *Handbuch Mitarbeitergespräche: Führen durch Gespräche, zentrale Gesprächstypen, Mitarbeiterjahresgespräch*, 1. Aufl. (Berlin: Cornelsen, 2000), S.89.

[96] Vgl. ebd., S.95-96.

[97] Vgl. ebd., S.28-29.

Führungskonzept

Thomas Serrano

„Eigentlich scheint Kommunikation ganz einfach zu sein: Einer sagt etwas und geht davon aus, dass der andere es genauso versteht. Dieses ist leider nicht immer der Fall; die Realität sieht ganz anders aus. Das Verständnis zwischen zwei Gesprächspartnern kann durch zahlreiche Hindernisse beeinträchtigt werden".[98] Um unterschiedliche Interpretationen von Aussagen und Missverständnisse zu vermeiden oder zu mindestens einzuschränken, ist eine klare und eindeutige Kommunikation unerlässlich.[99]

Bei Gesprächen kommt es darauf an, dass die Gesprächsteilnehmer ihre Botschaften, welche sie an die Beteiligten richten, verständlich formulieren. Daher sollen Nachrichten einfach, kurz und verständlich übermittelt werden. In der nachfolgenden Tabelle sind einige Grundregeln zusammengefasst.

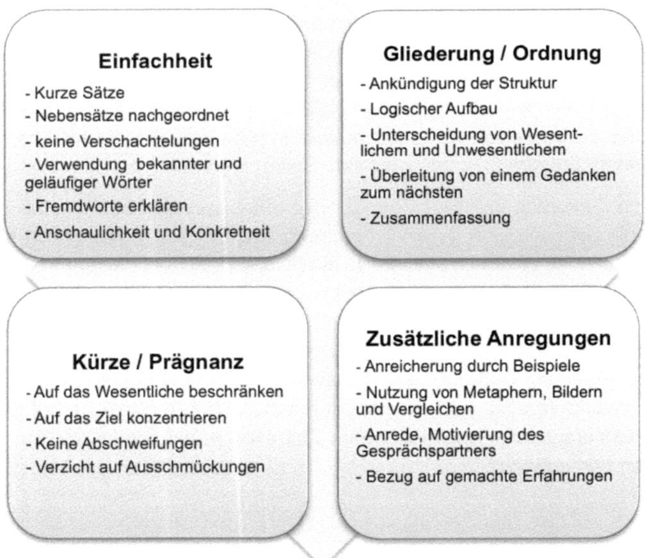

Abb. 16: Verständlichkeitsfenster zur Beurteilung von Gesprächen
Quelle: [100]

---

[98] Wolfgang Mentzel, Svenja Grotzfeld, und Christine Haub, *Mitarbeitergespräche erfolgreich führen: Einzelgespräche, Teamgespräche, Zielvereinbarungen und Mitarbeiterbeurteilungen*, 11. Aufl. (Freiburg: Haufe, 2014), S.16.
[99] Vgl. Winkler und Hofbauer, *Das Mitarbeitergespräch als Führungsinstrument*, S.236.
[100] Vgl. Hossiep, Bittner, und Berndt, *Mitarbeitergespräche*, S.26.

Der Kommunikationsprozess (Abbildung 17) besteht aus Sender, Empfänger und der zu übermittelnden Nachricht. Der Sender (Person A) übermittelt eine Nachricht an den Empfänger (Person B). Allerdings besteht zwischen der gesendeten und der empfangenen Nachricht keine 100%ige Übereinstimmung. Je nach gemeinsamem Zeichenvorrat besteht ein größeres oder kleineres gemeinsames Verständnis. Ohne Nachfrage ist es zunächst unklar, inwieweit eine Botschaft verstanden worden ist. Da es sich bei der Kommunikation um einen dynamischen Prozess handelt, wird der Empfänger einer Nachricht (Person B) in der Regel erneut zum Sender einer weiteren Nachricht.[101]

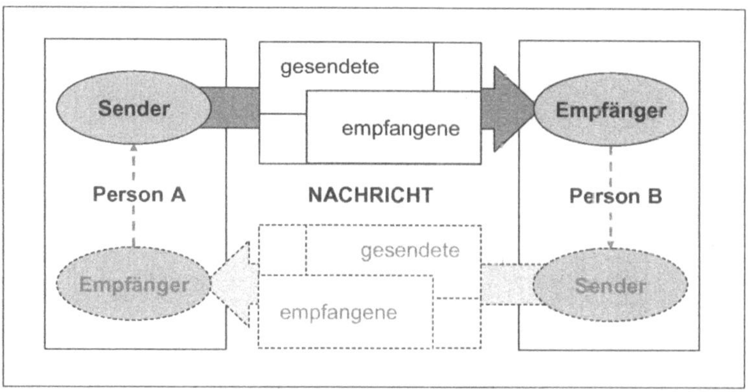

Abb. 17: Dynamisches Sender- Empfänger Modell der Kommunikation
Quelle: [102]

Kommunikation wird von unterschiedlichen Einflussfaktoren bestimmt. Im Gesprächsverlauf kommt es nicht nur darauf an was gesagt wird, sondern auch wie es übermittelt wird.[103]

Letztlich gilt:

„Eine Nachricht ist nicht das, was der Sprecher sagt, sondern das, was beim Empfänger ankommt und verstanden wird".[104]

---

[101] Vgl. ebd., S.14-15.

[102] Ebd., S.14.

[103] Winkler und Hofbauer, *Das Mitarbeitergespräch als Führungsinstrument*, S.238.

[104] Mentzel, Grotzfeld, und Haub, *Mitarbeitergespräche erfolgreich führen*, S.21.

36. Kommunikation und Meeting-Struktur

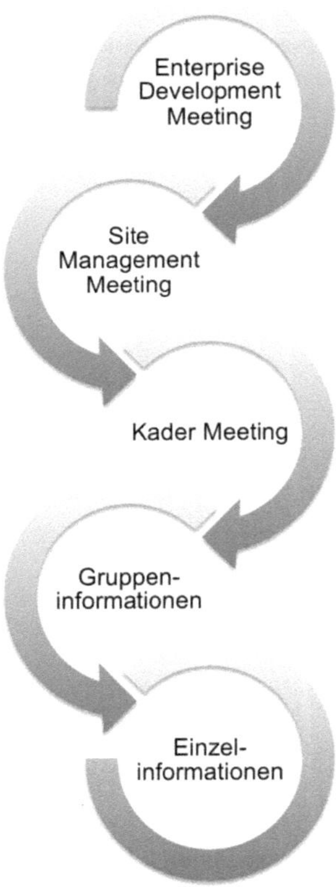

Enterprise Development Meeting	= stategische Unternehmensentwicklung
Site Management Meeting	= Lenkungskreis des Unternehmen z. B. GL
Kader Meeting	= Führungskader z. B. Abteilungsleiter, Schichtleiter usw.
Gruppen-informationen	**Einzel-informationen Einzelgespräche**
MA- Informationen	Info-Übermittlung
Schulungen Anweisungen	Schulungen Anweisungen
Meetings Besprechungen	Coaching
Tages- Wochenziel	Tages- Wochenziel
	MA- Entwicklungs-gespräche Standortbestimmung Qualifikationsgespräch Feedbackgespräch Fördergespräch Zielvereinbarungen
	MA- Jahresgespräch

Abb. 18: Meeting-Strukturen
Quelle: Eigene Darstellung

37. Umsetzungsstrategie

<table>
<tr><td>Ziel, Vision, Strategie</td><td rowspan="2">Monolog der Führungskraft
Zielgetrieben nach ZDF</td></tr>
<tr><td>Erwartungen
Meine persönlichen Erwartungen (z. B. Werte, Verhalten, Ergebnisse)</td></tr>
<tr><td>Erwartungen
Was erwarte ich von dir. Was ist deine Aufgabe, inkl. Verständnisfrage:
MA beschreibt die Aufgabenstellung mit eigenen Worten</td><td rowspan="6">Dialog
Coaching</td></tr>
<tr><td>Maßnahmenfrage
Wie ist die Umsetzung, wie macht ihr das?</td></tr>
<tr><td>Warum-Frage
Was hast du davon, was hat das Team davon?</td></tr>
<tr><td>Strukturiertes Vorgehen
1. Wie gehen wir vor? Wie ist das Vorgehen? Meilensteine usw.
2. Gute Fragen sind: Was fehlt Euch noch? Was braucht ihr noch?
Was möchtet ihr noch wissen?</td></tr>
<tr><td>Commitment
Commitment wird von allen erwartet und ist eine Voraussetzung zur Zielerfüllung</td></tr>
<tr><td>Erkenntnis
Welche Erkenntnis nimmst Du aus dem heutigen Gespräch mit?</td></tr>
</table>

Abb. 19: Umsetzungsstrategie
Quelle: Eigene Darstellung

Führungskonzept

Thomas Serrano

Wie bereits in Kapitel 22 „Leadership“ beschrieben, unterteilt sich die Aufgabenanforderung an Führungskräfte einerseits in das Coaching der ihm unterstellen MA. Als weitere Aufgabenstellungen kommen noch fachliche, wirtschaftliche und ergebnisgesteuerte Tätigkeiten hinzu.

Führungskräfte benötigen nun Tools um die entscheidenden Informationen effektiv an ihre MA richten zu können. Abb. 19 veranschaulicht eine mögliche Variante, mit integrierter Vorgehensweise, um die Aufgaben auf Mitarbeiterebene herunterbrechen zu können.

Obwohl das Wort „Meeting“ vielen Mitmenschen bereits die Haare hochstellen lässt, ist eine Informationsübermittlung im beruflichen Kontext unausweichlich.

Besprechungen sollten strukturiert, effizient und zielorientiert geführt werden. Für kurze Besprechungen eignen sich Stehungen recht gut und minimieren das oftmals ausufernde Gerede einzelner Sitzungsteilnehmer. Um effizient durchgeführte Besprechungen zu gestalten, bedarf es eine strukturierte Vorgehensweise. Hierzu bietet der Markt unterschiedliche Moderationstechniken und Visualisierungsmöglichkeiten an. Eine gute Vor- und Nachbereitung der jeweiligen Besprechung, ist dabei von sehr großer Bedeutung.

Wie in der gesamten betrieblichen Zusammenarbeit, spiegelt sich die Unternehmenskultur auch in der Sitzungskultur wieder. Die unternehmenseigenen Werte und der Verhaltenskodex beeinflussen dabei den Besprechungsablauf maßgeblich. Um eine konstruktive und zielführende Zusammenarbeit zu erreichen benötigt es auch hier klare Spielregeln. Dazu gehört gegenseitiger Respekt, Wertschätzung und die Gabe den gegenüber ausreden zu lassen. Ablenkungen und Störungen von außen sollten, während des Besprechungsablaufes, auf ein Minimum reduziert werden. Selbstverständlich beinhaltet das auch das Abschalten von Mobiltelefonen.

Abb. 18 zeigt den Aufbau einer Meetingstruktur innerhalb einer Organisation. Die unterschiedlichen Themenfelder werden im Rahmen der jeweiligen Besprechung abgearbeitet. Hierbei ist darauf zu achten, dass sich die verschiedenen Themenfelder nicht untereinander vermischen. Ein Informationsmeeting dient z.B. nur zur Übermittlung von Informationen und nicht um Beschlüsse zu fällen.

Zur Erfüllung der ergebnisorientierten Aufgabenstellung benötigen wir ein Zahlenkonstrukt, welches im nachfolgenden Kapitel behandelt wird.

Führungskonzept

Thomas Serrano

38. Kennzahlensysteme

Zu Beginn werden die kritischen Erfolgsfaktoren (KEF) des Unternehmens definiert. Es wird festgelegt, welche Einflüsse für die Unternehmensentwicklung ausschlaggebend sind und dabei die Wettbewerbsstärke des Unternehmens beeinflussen. Anhand der KEF können auch Projekte, welche den Unternehmenszielen förderlich sind, initialisiert oder priorisiert werden.

Um den gesetzten und eingeschlagenen Kurs kontrollieren zu können, benötigen wir Vergleichswerte. Hierzu eignen sich gut Kennzahlenmodelle, welche auf die Unternehmensanforderungen und die definierten KEF zugeschnitten sind. Da die Zahlenpflege umfangreich und zeitintensiv sein kann, ist es besser wenige Kennzahlen zu verwenden.

Merke: Lieber eine überschaubare Anzahl an Kennzahlen festlegen. Dafür diese konsequent verfolgen und bei Abweichungen geeignete Maßnahmenpläne einleiten. Siehe Deming-Kreis in Kapitel 43.

39. Beispiele von Kennzahlenmodellen

Zielkontrolle durch Kennzahlen und Rapporte

KPI = Kennzahlen
bestehend aus
Monatsrapport, Finanzrapport und ABCD Report

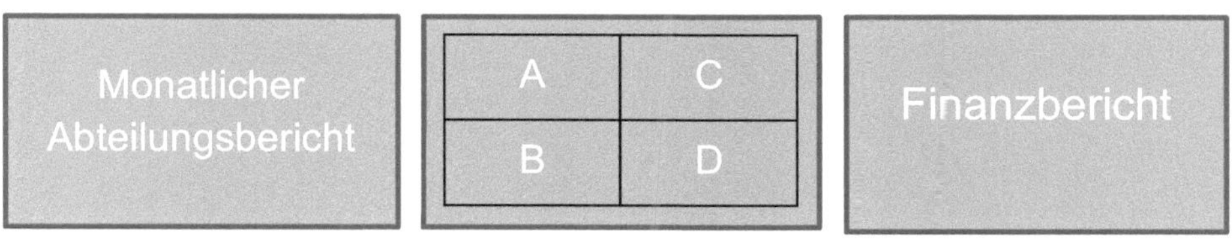

Achievements Erfolge Zielerreichung	**C**oncerns Bedenken
Benefits Vorteile Nutzen	to **D**o auszuführende Aktivität

Abb. 20: Kennzahlenmodell
Quelle: Eigene Darstellung

Führungskonzept

Thomas Serrano

Im Unternehmen können unterschiedliche Kennzahlensysteme Verwendung finden. Eine weitere Möglichkeit ist der Einsatz einer Balanced Scorecard (BSC).

Balanced Scorecard

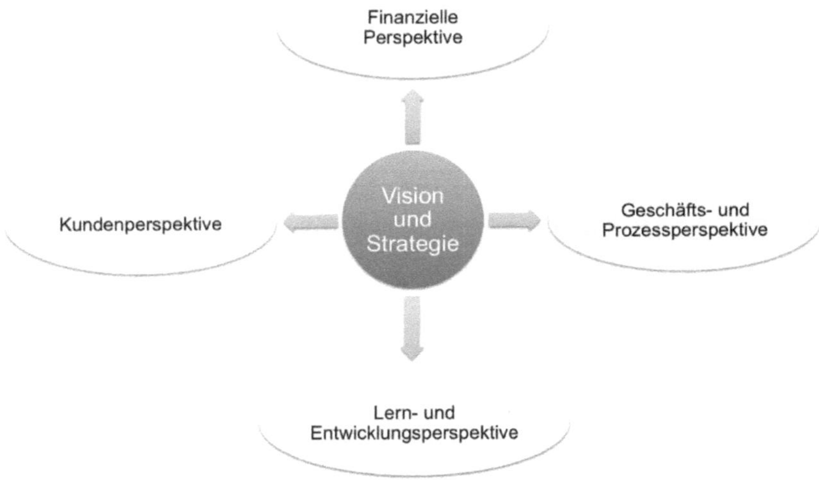

Abb. 21: Balanced Scorecard
Quelle: [105]

Bei der BSC handelt es sich um ein Controlling- bzw. Strategieinstrument wobei zusätzlich nicht-monetäre Kennzahlen zur Gesamtbetrachtung der Geschäftsprozesse hinzugezogen werden.

„Die BSC ist ein Verbindungsglied zwischen Strategiefindung und -umsetzung. In ihrem Konzept werden die traditionellen finanziellen Kennzahlen durch eine Kunden-, eine interne Prozess- und eine Lern- und Entwicklungsperspektive ergänzt“.[106]

---

[105] Vgl. Robert S. Kaplan und Norton, *Balanced Scorecard: Strategien erfolgreich umsetzen* (Stuttgart: Schaeffer-Poeschel, 1997), S.9.

[106] Jürgen Weber, „Gabler Wirtschaftslexikon“, *Balanced Scorecard*, 20. Februar 2018, https://wirtschaftslexikon. gabler.de/definition/balanced-scorecard-28000/version-251640.

40. Ziele – Vorgaben – Aufgabenstellungen

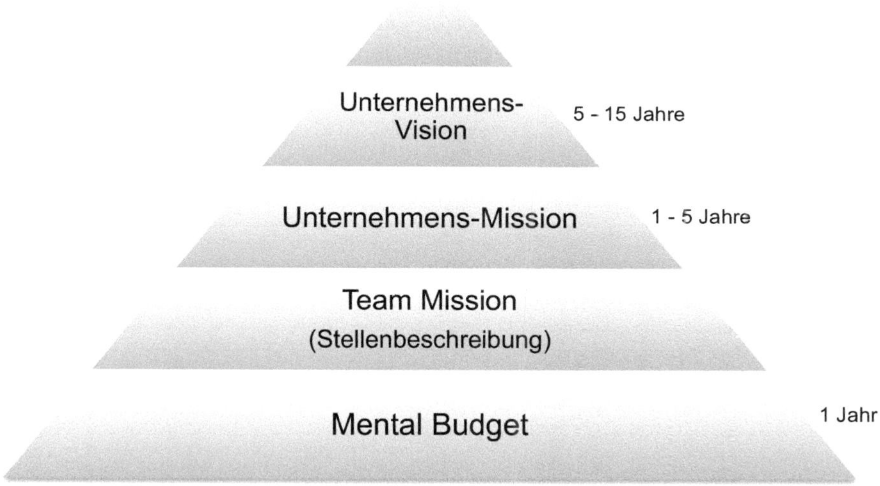

Abb. 22: Unternehmens- Vision und Mission
Quelle: Eigene Darstellung

Definition Vision:
Eine Vision ist die Vorstellung des Zustandes, welches ein Unternehmen erreichen will. Mit einer Vision wird die Richtung angegeben, in die sich das Unternehmen entwickeln soll. Die Vision drückt aus, wo und wofür wir in der Zukunft stehen wollen. Eine Vision umfasst viel mehr als die wirtschaftlichen Ziele eines Unternehmens.[107] Eine gute Unternehmensvision ist einzigartig und das Unternehmen hebt sich damit vom Mitbewerber ab. Die Vision bildet die Identität des Unternehmens und als Adressat gilt schwerpunktmäßig der MA. Die Vision verdeutlicht dem MA den Sinn und Nutzen seines Handels.

[107] Vgl. Mareike Darrelmann, „Akademie.de“, *Was ist eine Vision?*, 29. Februar 2012, https://www.akademie.de/wissen/unternehmensvision-entwickeln/was-ist-eine-vision-0.

Führungskonzept

Thomas Serrano

Definition Mission:
Die Mission beschreibt den Unternehmenszweck. Dieser ist die Daseinsberechtigung des Unternehmens und benennt den positiven Beitrag, welchen das Unternehmen für Kunden und die Gesellschaft leisten will.[108] Die Mission ist konkreter und beschreibt die Unternehmensziele und wie sich das Unternehmen darstellt. D. h. wie es dabei von der Unternehmensaußenwelt gesehen werden möchte. Als Adressat gelten daher alle Stakeholder.

Definition Mental Budget:
Persönliche Zielsetzung auf Führungsebene (Schichtleiter, Gruppenleiter, Abteilungsleiter usw.). Gilt für ein Jahr und wird vom (Kostenstellen)-Verantwortlichen erstellt. Im Mental Budget muss die Unternehmens-Mission und die Teammission vorhanden und abgebildet sein. Die Überprüfung ob die Unternehmensziele in der Beschreibung des Mental Budget, ausreichend berücksichtigt wurden, ist die Aufgabe des Vorgesetzten.
Der Stelleninhaber verpflichtet sich mit seinem persönlichen Mental Budget zur Umsetzung der vereinbarten Zielsetzungen. Die Überprüfung der Zielerreichung und Unterstützung mit Hilfestellungen bei evtl. Abweichungen ist wiederum eine Führungsaufgabe und somit im Verantwortungsbereich des Vorgesetzten.

In der Regel sind in Organisationen die Unternehmens- Vision und Mission bereits definiert. Die Unternehmensausrichtung ist somit vorhanden und wird dem MA seitens der Organisation vorgegeben. Auch detaillierte Stellenbeschreibungen sind heutzutage häufig in den Unternehmen anzutreffen. Sollte diese nicht der Fall sein, muss hier angesetzt werden. Die Stellenbeschreibung bildet den Rahmen der Aufgabenstellungen, welche vom MA erwartet werden. Daher ist das Vorhandensein einer Stellenbeschreibung wichtig und unerlässlich.

Der Einfluss des Stelleninhabers auf Vision und Mission sind somit begrenzt. Durch Schaffung und Umsetzung eines Mental Budget kann der MA jedoch einen hohen persönlichen Beitrag zum Unternehmenserfolg leisten. Im Mental Budget werden die persönlichen Ziele des Stelleninhabers und seines Verantwortungsbereiches erfasst und dokumentiert. Dadurch, dass der MA seine eigene Zielsetzungen im Mental Budget selber auswählt und formuliert, entsteht eine hohe Akzeptanz und Bindung an die definierten Ziele.

---

[108] Vgl. Alexander Groth, „Leadership Journal.de“, *Vision, Mission und Werte*, 24. März 2017, https://www.leadershipjournal.de/aktuelles-zu-leadership/vision-mission-und-werte/.

Führungskonzept

Thomas Serrano

41. Ziele im Blick behalten

Als Führungskraft müssen wir darauf achten, dass die im Mental Budget definierten Ziele nicht aus den Augen verloren gehen. Wir müssen aufpassen, dass wir uns nicht in der Fülle des Alltages verzetteln. Das Mental Budget bildet unseren persönlichen Beitrag zur Erreichung der Unternehmensziele und ist unsere persönliche „To-Do-Liste".

Damit wir die richtigen Prioritäten setzten können, müssen wir diese Ziele für uns noch weiter herunter brechen. Hierzu eignet sich die Planung für den Zeitraum von einer Woche recht gut. D. h. wir müssen wissen, was am Ende einer Woche als Ergebnis umgesetzt sein soll. Die Zielvorgaben gelten für die gesamte Abteilung. Also nicht nur für unsere MA sondern gleichermaßen auch für uns selber. Zur Kursüberprüfung können uns folgende Fragestellungen helfen:

- Was ist dein/unser Ziel für diese Woche?
- Was musst du unbedingt noch bis zum Ende der Woche erledigen, damit wir unser Ziel erreichen?
- Bestehen Hindernisse oder Verzögerungen, welche die Zielerreichung negativ beeinflussen könnten?
- Benötigst du Unterstützung bei der Umsetzung Deiner Aufgaben?
- Was unternehmen wir, falls es zu Verzögerungen kommt?

Im Vorfeld hinterfragen wir die Zielsetzung von unserem eigenen persönlichen Wochenplan. Wenn für uns alle Fragen klar sind und wir uns auf Planfahrt befinden, besteht im Augenblich hier kein weiterer Handlungsbedarf. Falls Abweichungen vorhersehbar sind, müssen entsprechende Korrekturmaßnahmen eingeläutet werden. Im zweiten Schritt befragen wir nun unsere MA mit dem gleichen Fragekatalog.

42. Wollen – Tun – Kluft

Immer wieder ertappen wir uns dabei, dass wir es nicht schaffen, unsere Ziele in die Tat umzusetzen. Dann stellt sich die Frage, warum eine so große Diskrepanz zwischen unserer Zielsetzung und einer so kläglichen Ausführung liegt.

Die Wollen – Tun – Kluft beschreibt, warum oftmals Vorhaben nicht in eine Tat umgesetzt werden. Das Alltagsgeschehen baut eine Menge an Hindernisse auf dem Weg zur Zielerreichung ein. Sobald etwas unbequem erscheint, findet der Mensch schnell Gründe, um das Vorhaben nicht in die Tat umzusetzen. Es entsteht eine Lücke zwischen dem Setzen von Zielen und der tatsächlichen Umsetzung. Letztendlich zwischen dem Wollen und dem Tun (Handeln). Diese Lücke lässt sich mit „Wenn-Dann Plänen" schließen.[109]

---

[109] Vgl. Perter M. Gollwitzer, „Implementation Intentions: Strong Effects of Simple Plans", *The American Psychologist; 54* Nr. 7 (1999): S.493-503.

„Entgegen der Volksweisheit „man muss nur wollen“ reicht starkes Wollen alleine oft nicht aus, um Ziele auch tatsächlich in die Tat umzusetzen. Für den Schritt vom Wollen zum Handeln braucht man Wenn-Dann Pläne, in denen man genau festlegt, wann, wo und wie man sein Ziel in die Tat umsetzen will“.[110]

Wenn-Dann-Pläne beschreiben: **W**enn ein bestimmtes Ereignis eintritt, **d**ann wird mit diesem **P**lan entsprechend gegengesteuert.

43. Ausführung und Reflektion

Abb. 23: PDCA-Zyklus
Quelle: Eigene Darstellung in Anlehnung nach Deming [111]

Der PDCA-Zyklus wurde mit einer grundlegenden Situationserfassung im Zentrum erweitert. Die Idee des Deming-Kreises ist eine kontinuierliche Verbesserung. Denn nach dem Act, erfolgt eine neue Runde von Verbesserungs- und Korrekturpotenzial.

---

[110] Lukas Thürmer, Frank Wieber, und Peter Gollwitzer, „Vom Wollen zum Handeln: Wie Sie Ihre Ziele in die Tat umsetzen | Ausgabe 3/2016 | In-Mind“, *The Inquisitive Mind*, März 2016, http://de.in-mind.org/article/vom-wollen-zum-handeln-wie-sie-ihre-ziele-in-die-tat-umsetzen.
[111] vgl. W. Edwards Deming, *Out of the crisis* (Cambridge, Mass: Massachusetts Institute of Technology, Center for Advanced Engineering Study, 1986), S.88.

44. Schlusswort

Mit zunehmendem beruflichen Erfolg, erhöht ich oftmals auch die eigene Führungsspanne. Ohne die intensive Auseinandersetzung mit dem eigenen persönlichen Führungsstil fehlt einem dann aber die Basis, auch wenn man evtl. intuitiv oftmals richtig handelt. Als Führungskraft sind sie gegenüber Ihren Mitarbeitern verpflichte bestmöglich zu Handel und zu Agieren. Dabei müssen Sie Ihre Entscheidungen ständig zwischen den Bedürfnissen der einzelnen Stakeholder abwägen.

Als Vorgesetzter benötigen Sie die volle Unterstützung der Ihnen unterstellten MA. Diese werden ihnen nur bereitwillig folgen, wenn Sie ein Arbeitsklima schaffen in welchem sich die MA entsprechend Ihren Fähigkeiten und Eigenschaften, entwickeln und entfalten können. Sie müssen die Menschen in ihrem Team begeistern und inspirieren können. Dabei müssen die MA sich wohl fühlen. Diese Aufgabenstellung ist jedoch nicht einfach. Denn jeder Mensch ist ein Individuum und die Führungskraft muss die Besonderheiten jeden einzelnen MA berücksichtigen. Und ganz nebenbei muss der Chef noch als Vorbildfunktion agieren, betriebswirtschaftliche und monetäre Aufgabenstellungen bewerkstelligen und befindet sich in der Sandwichfunktion zwischen MA und seinen eigenen Vorgesetzten.

Mit dem Niederschreiben meins persönlichen Führungsstils habe ich mich nochmals sehr intensiv mit dem Themenkreis auseinandergesetzt. Dieses hat mich in meiner Persönlichkeit weiter gefestigt hat mir dazu verholfen meine Gedankenwelt zu bereichern.

Es würde mich freuen, wenn Ihnen meinen Gedanken, Anregungen und Erfahrungen gefallen haben und mein Leitfaden Sie in der Findung Ihres persönlichen Führungsstils unterstützt. Für weiterführende Fragen, Ideen oder Anregungen dürfen Sie mich gerne kontaktieren. In der Vita finden Sie meine E-Mailanschrift.

45. Literaturverzeichnis

Altmann, Hans Christian. *Motivation der Mitarbeiter: Methoden, Konzepte, Erfolgsbeispiele*. Frankfurt (Main): Frankfurter Allgemeine Zeitung, 1989.

Buchacher, Walter, und Josef Wimmer. *Das Führungsseminar: Werkzeuge für den Führungsalltag in Wort und Bild*. Wien: Linde, 2008.

Cortivo, Sandra. „Mitarbeitergespräch ohne Floskeln". *Journal bso Nr. 3/2014 Mitarbeitergespräche: Pflicht oder Kür?* (25. August 2014): 6–10.

Crisand, Ekkehard. *Psychologische Grundlagen im Führungsprozess*. Arbeitshefte Führungspsychologie Bd. 19. Heidelberg: I.H. Sauer-Verlag, 1993.

Cuendet, Gaston. „Motivierung zur Arbeit - als Ziel transformationaler Führung". In *Betriebswirtschaftslehre als Management- und Führungslehre*, herausgegeben von Rolf Wunderer, 365. 2. Aufl. Stuttgart: Poeschel, 1988.

Darrelmann, Mareike. „Akademie.de". *Was ist eine Vision?*, 29. Februar 2012. https://www. akademie.de/wissen/unternehmensvision-entwickeln/was-ist-eine-vision-0.

Deming, W. Edwards. *Out of the crisis*. Cambridge, Mass: Massachusetts Institute of Technology, Center for Advanced Engineering Study, 1986.

Franken, Swetlana. *Verhaltensorientierte Führung Handeln, Lernen und Ethik in Unternehmen*. 2. Aufl. Wiesbaden: Gabler, 2007.

Fuhrer, Fred. *Mitarbeiter führen: Grundlagen und Impulse aus der Praxis*. 5. Aufl. Altstätten: Tobler, 2005.

Gollwitzer, Perter M. „Implementation Intentions: Strong Effects of Simple Plans". *The American Psychologist; 54* Nr. 7 (1999): 493–503.

Grimm, Elmar. „Personalbeurteilung". *Online-Lehrbuch-BWL*, 1. August 2005. http://www.online-lehrbuch-bwl.de/lehrbuch/kap4/p_beurt.htm.

Groth, Alexander. „Leadership Journal.de". *Vision, Mission und Werte*, 24. März 2017. https://www.leadershipjournal.de/aktuelles-zu-leadership/vision-mission-und-werte/.

Haberkorn, Kurt. *Praxis der Mitarbeiterführung: ein Grundriss mit zahlreichen Checklisten zur Verbesserung des Führungsverhaltens*. 4. Aufl. Ehningen bei Böblingen: Expert-Verl., 1992.

Hentze, Joachim, Andrea Graf, Andreas Kammel, und Klaus Lindert. *Personalführungslehre: Grundlagen, Funktionen und Modelle der Führung*. 4. Aufl. Bern: Haupt, 2005.

Hilti, Michael. „Unternehmer im Unternehmen - Beispiel Hilti AG". In *Mitarbeiter als Mitunternehmer: Grundlagen ; Förderinstrumente ; Praxisbeispiele*, herausgegeben von Rolf Wunderer, 251–258. Neuwied: Luchterhand, 1999.

Hinrichs, Sven. *Mitarbeitergespräch und Zielvereinbarung*. Frankfurt am Main: Bund-Verlag, 2009.

Hochgeschurtz, Thomas. „Diese 5 Faktoren motivieren Mitarbeiter wirklich". *Management Circle*, 9. Januar 2016. http://www.management-circle.de/blog/gastbeitrag-diese-5-faktoren-motivieren-mitarbeiter-wirklich/.

Hockling, Sabine. „Chefsache: So gewinnen Führungskräfte das Vertrauen ihrer Mitarbeiter | ZEIT ONLINE", 20. Dezember 2012. http://www.zeit.de/karriere/beruf/2012-01/chefsache-vertrauen-mitarbeiter.

Hockling, Sabine. „Mitarbeiterführung: ‚Behandle dein Team so, wie du selbst behandelt werden möchtest' | ZEIT ONLINE", 3. Oktober 2014. http://www.zeit.de/karriere/beruf/2014-09/lob-wertschaetzung-chef-mitarbeiter.

Hossiep, Rüdiger, Jennifer Esther Bittner, und Wolfram Berndt. *Mitarbeitergespräche: motivierend, wirksam, nachhaltig*. Praxis der Personalpsychologie. Göttingen: Hogrefe, 2008.

Jung, Hans. *Personalwirtschaft*. 6. Aufl. München: Oldenbourg, 2005.

Kaplan, Robert S., und Norton. *Balanced Scorecard: Strategien erfolgreich umsetzen*. Stuttgart: Schaeffer-Poeschel, 1997.

Kießling-Sonntag, Jochem. *Handbuch Mitarbeitergespräche: Führen durch Gespräche, zentrale Gesprächstypen, Mitarbeiterjahresgespräch*. 1. Aufl. Berlin: Cornelsen, 2000.

Kowalski, Stephan. „Motivierende Gesprächsführung". *Impulse*, 13. August 2018. https://www.impulse.de/management/personalfuehrung/motivierende-gespraechsfuehrung.

Kuhn, Thomas, und Jürgen Weibler. *Führungsethik in Organisationen*. Stuttgart: Kohlhammer, 2012.

Kuhn, Thomas, und Jürgen Weibler. „Führungsethik: Notwendigkeit, Ansätze und Vorbedingungen ethikbewusster Mitarbeiterführung". In *Die Unternehmensführung*, S. 375-392. 57. Jg., Heft 5, 2003.

Loffing, Christian. *Mitarbeiter richtig führen: erfolgreiche Führungskräfte führen flexibel*. 1. Aufl. Stuttgart: Kohlhammer, 2005.

Mentzel, Wolfgang, Svenja Grotzfeld, und Christine Haub. *Mitarbeitergespräche erfolgreich führen: Einzelgespräche, Teamgespräche, Zielvereinbarungen und Mitarbeiterbeurteilungen*. 11. Aufl. Freiburg: Haufe, 2014.

Murphy, Kevin James. *Führen mit gesundem Menschenverstand*. Freiburg im Breisgau: Haufe, 1991.

Nagel, Reinhart, Margit Oswald, und Rudolf Wimmer. *Das Mitarbeitergespräch als Führungsinstrument: ein Handbuch der OSB für Praktiker*. Stuttgart: Klett-Cotta, 1999.

Neges, Gertrud, und Richard Neges. *Führungskraft und Mitarbeiter: Wahrnehmung der Führungsaufgaben ; effektiv kommunizieren und informieren ; Mitarbeitergespräche führen*. Wien: Linde, 2007.

Neuberger, Oswald. *Führen und geführt werden*. 3. Aufl. Stuttgart: Enke, 1990.

Olfert, Klaus, und Horst-Joachim Rahn. *Lexikon der Betriebswirtschaftslehre*. 4. Aufl. Kompendium der praktischen Betriebswirtschaft. Ludwigshafen (Rhein): Kiehl, 2001.

Von Rosenstiel, Lutz. „Mitunternehmertum - Unterstützung durch unternehmerische Kulturgestaltung". In *Mitarbeiter als Mitunternehmer: Grundlagen ; Förderinstrumente ; Praxisbeispiele*, herausgegeben von Rolf Wunderer, 81–106. Neuwied: Luchterhand, 1999.

Rosenstiel, Lutz von, Erika Regnet, und Michel E. Domsch, Hrsg. *Führung von Mitarbeitern: Handbuch für erfolgreiches Personalmanagement*. 7. Aufl. Stuttgart: Schäffer-Poeschel Verlag, 2014.

Rosenthal, Amy Krouse, Tom Lichtenheld, und Harald Kiesel, Hrsg. *Ente! Hase!* Köln: Baumhaus-Verl, 2010.

Roth, Werner. *Mehr Zufriedenheit, bessere Leistung, größerer Gewinn: praxisbewährte Methoden zur Steigerung der Leistung und Einsatzbereitschaft der Mitarbeiter*. Landsberg am Lech: Moderne Industrie, 1985.

Schulte-Zurhausen, Manfred. *Organisation*. 5. Aufl. München: Vahlen, 2010.

Seidel, Eberhard. *Führungsstil und Führungsorganisation*. Erträge der Forschung. Darmstadt: Wissenschaftliche Buchgesellschaft, 1988.

Serrano, Thomas. *Empirische Betrachtung zum kooperativen Führungsstil und dessen Wirkung auf die Motivation der Produktionsmitarbeiter am Beispiel einer pharmazeutischen Lohnverpackungsfirma*. Master Thesis, Donau Universität Krems, 2015.

Steinmann, Horst, und Georg Schreyögg. *Management: Grundlagen der Unternehmensführung ; Konzepte - Funktionen - Fallstudien*. 3. Aufl. Wiesbaden: Gabler, 1993.

Steyrer, Johannes. „Theorie der Führung". In *Personalmanagement, Führung, Organisation*, herausgegeben von Helmut Kasper und Wolfgang Mayrhofer, S.25-93. 4. Aufl. Wien: Linde, 2009.

Stroebe, Rainer W., und Guntram H. Stroebe. *Grundlagen der Führung: mit Führungsmodellen*. 7. Aufl. Heidelberg: Sauer, 1992.

Thommen, Jean-Paul, und Ann-Kristin Achleitner. *Allgemeine Betriebswirtschaftslehre: Umfassende Einführung aus managementorientierter Sicht*. 7. Aufl. Wiesbaden: Springer Fachmedien Wiesbaden GmbH, 2012.

Thürmer, Lukas, Frank Wieber, und Peter Gollwitzer. „Vom Wollen zum Handeln: Wie Sie Ihre Ziele in die Tat umsetzen | Ausgabe 3/2016 | In-Mind". *The Inquisitive Mind*, März 2016. http://de.in-mind.org/article/vom-wollen-zum-handeln-wie-sie-ihre-ziele-in-die-tat-umsetzen.

Weber, Jürgen. „Gabler Wirtschaftslexikon". *Balanced Scorecard*, 20. Februar 2018. https://wirtschaftslexikon.gabler.de/definition/balanced-scorecard-28000/version-251640.

Weber, Wolfgang, Hrsg. *Grundlagen der Personalwirtschaft: Theorien und Konzepte*. Wiesbaden: Gabler, 1996.

Führungskonzept

Thomas Serrano

Weibler, Jürgen, Thomas Kuhn, Anke Rapsch, Sigrid Endres, und Anna Weischer. *Personalführung*. 2. München: Vahlen, 2012.

Windolph, Andrea. „Projekte-leicht-gemacht". *Johari Fenster- Das praktische Modell, um Selbst- und Fremdwahrnehmenug abzugleichen*, 01 2017. https://projekte-leicht-gemacht.de/blog/pm-methoden-erklaert/johari-fenster/.

Winkler, Brigitte, und Helmut Hofbauer. *Das Mitarbeitergespräch als Führungsinstrument: Handbuch für Führungskräfte und Personalverantwortliche*. 4. Aufl. München: Hanser 2010.

Wöhe, Günter, und Ulrich Döring. *Einführung in die allgemeine Betriebswirtschaftslehre*. 20. Aufl. Vahlens Handbücher der Wirtschafts- und Sozialwissenschaften. München: Vahlen, 2000.

Wollert, Artur. „Konzeptionelle Anforderungen an das Personalmanagement der 90er Jahre - Grundzüge einer mitarbeiterorientierten Unternehmenskultur" In *Mitarbeiterorientierte Unternehmenskultur*, herausgegeben von Rainer Marr. Bd. 6. Berlin: Erich Schmidt, 1989.

Wunderer, Rolf. „Betriebswirtschaftliche Führungsforschung und Führungslehre". In *Betriebswirtschaftslehre als Management- und Führungslehre*, herausgegeben von Rolf Wunderer, 365. 2. Aufl. Stuttgart: Poeschel, 1988.

Wunderer, Rolf. *Führung und Zusammenarbeit: eine unternehmerische Führungslehre*. 4. Aufl. Neuwied: Luchterhand, 2001.

Wunderer, Rolf. „Führung und Zusammenarbeit: Grundlagen innerorganisatorischer Beziehungsgestaltung". *Zeitschrift für Personalforschung* Heft 4 (1996): 385–408.

46. Vita

- Thomas Serrano, MSc, MBA
- Geboren 1966 in Boppard am Rhein
- Verheiratet, 2 Kinder
- Ausbildung als Zweiradmechaniker
- Zweitausbildung als Drucker
- Weiterbildung zum Druckermeister
- Technischer Betriebswirt IHK
- Universitätsstudium

MSc - Master of Science
MBA - Master of Business Administration

Kontakt
E-Mail: serrano@freenet.de

Der Autor verfügt über fundierte Berufskenntnisse im grafischen- und mechanischen Gewerbe. Ausgewiesenes Fachwissen in der Verpackung von pharmazeutischen Produkten und der Herstellung von Verpackungen im Food und Non-Foodbereich.

Er weist eine langjährige Erfahrung als Produktionsleiter mit einer Führungsspanne von über 100 Mitarbeitern auf. Seinen beruflichen Werdegang prägen GMP-, Industrie- und Handwerkserfahrung.

Seine Kompetenzen liegen in der Bewältigung von vielschichtigen und mehrstufigen Produktionsmixen, Ziel- und kostenorientiertes Handeln, Lean Production und er ist ein Teamplayer mit kooperativem Führungsstil.

Zu seinen Stärken zählt eine motivierende Mitarbeiterführung, Situationsanalysen, der Umgang mit komplexen betriebswirtschaftlichen und unternehmerischen Zusammenhängen, kombiniert mit lösungsorientiertem Handeln. Im Schwerpunkt seines Wirkens steht stets der Mensch als Individuum.

Das Thema der Motivationsfaktoren, menschlicher Bedürfnisse und deren Antreiber beschäftigt den Autor schon seit eher. Daher hat er sich vertieft mit diesem Themenkreis auseinander gesetzt und bereits unterschiedliche Abhandlungen darüber veröffentlicht.